SABA's KITCHEN
萨巴厨房

像女王一样

吃早餐

萨巴蒂娜 主编

U0307517

中国轻工业出版社

目录
CONTENT

计量单位对照表

1 茶匙固体材料 =5 克

1 汤匙固体材料 =15 克

1 茶匙液体材料 =5 毫升

1 汤匙液体材料 =15 毫升

min= 分钟

像女王一样
吃早餐

 第一章 熟悉的味道——中式早餐

第二章　新派心意——西式早餐

 第三章 喝碗汤水最舒服——舒心早餐

第四章 丰盛的餐桌——营养搭配早餐

早餐这回事

刚工作有一段时间，我几乎没怎么吃早餐。因为第一，早上起来时间少；第二，胃口不好；第三，嫌弃外面做得不卫生，所以不吃。

结果那段时间，身体经常发冷，一到冬天冻得都不行了。

后来有一个小饭店提供的早餐唤起了我的味蕾，自此把吃早餐这个习惯保持到现在。

他们供应的超级简单，就两样，一样是现煮的小馄饨，放少许的虾皮和紫菜，滴两滴酱油，肉馅很少，但馄饨皮劲道爽滑，漂浮在碗里，滚烫而鲜美。另外一样主食是炸馒头片，隔夜的馒头切成片，裹上蛋液，放在油锅里煎到焦黄冒泡。小菜是免费的，一小碟辣咸菜，切得很细，滴了香油，特别鲜美可口。我通常要一碗馄饨，两个馒头片，然后多要一点小咸菜，吃得很饱很饱。阿姨很吝啬，往往不肯多给咸菜，大概是对自己的手艺傲娇呢。

那段时间，必须要早点去，才能有馄饨，否则现包的小馄饨就卖光了，所以逼我这样贪吃的金牛座不得不早起，可是因为起得早，晚上睡觉也睡得早，反而生物钟调整得特别健康，身体逐渐好了起来，冬天也不再手脚冰冷。

我至今感谢那个饭店的早餐，简单却又美味、精致，虽然不为我一人供应，却让我感觉生活得像女王一样，因为每天只需要走下楼，用一点点钱，就可以换来一顿美味滚热的早餐，开始我的一天。即便是在冬天，一顿美好的早餐也让我浑身发暖，我喜欢这样的生活。

后来换了工作地点，吃不到那里的小馄饨了，对美味早餐的相思让我开始自己包馄饨，也包得皮子如蝉翼一样薄，用辽东的紫菜与青岛的虾皮做汤，一小包一小包放在冰箱里，次日烧滚水丢进去一包，放一勺日本酱油，一会儿就可以吃到了，味道更好了，而且一点不麻烦。可以配烤面包片、油条、饭团，十分百搭。

我发誓要永远保持这样的好习惯，因为我要好好爱自己，一生一世。

待自己如女王，请从早餐开始。

萨巴小传：本名高欣茹。萨巴蒂娜是当时出道写美食书时用的笔名。曾主编过五十多本畅销美食图书，出版过小说《厨子的故事》，美食散文集《美味关系》。现任"萨巴厨房"主编。

萨巴蒂娜
个人公众订阅号

敬请关注萨巴新浪微博 www.weibo.com/sabadina

早餐应该有什么

你的早餐怎么吃？在上班的路上买两个包子，一杯豆浆？或者在快餐厅点一份有咖啡和小汉堡的套餐？甚至因为太忙了，来不及吃早餐。也许你已经知道，上述这些早餐，营养都是不全面的。一份营养均衡的早餐应该包含主食、富含蛋白质的食物、水果和蔬菜，各占一定的比例，哪一部分缺失了都不能算是营养健康。

1. 主食 30%

可以是面包、米饭、馒头、杂粮，或者是红薯、芋头和土豆。

2. 富含蛋白质的食物 20%

瘦肉、鸡蛋、牛奶、豆浆或者是奶酪，都是健康的蛋白质来源，同时，上述这些蛋白质含量高的食物，钙的含量也很高，在补充蛋白质的同时还能补钙。任意选择一种，吃够了量，就可以保证在早餐阶段这部分营养的摄入是充足的。

3. 蔬菜 30%

蔬菜很重要，但是小汉堡或者鸡蛋灌饼里那两片菜叶子是远远不够的。比如你早餐的总量是一碗，那其中蔬菜的比例应该占碗的容量的 1/3。并且，加工过程越短，蔬菜的营养成分留下的越多。早餐不仅要吃很多菜，而且能生吃的就不要过分烹调。

4. 水果 20%

民间俗语说，早上吃水果是金。在早餐摄入水果，是最利于营养的吸收的，不仅可以补充糖分和维生素，水果中丰富的膳食纤维还有利于肠道通畅。并且水果的味道清爽甜蜜，可开启一天的美丽心情。

5. 坚果

坚果并不是传统的早餐必选食物，但它以自身诸多的优秀特质成功成为早餐的编外队员。坚果是植物的精华部分，大多营养丰富，有益身体健康。并且坚果又香又脆，买回来就是炒熟的，食用非常方便。

早餐怎么吃

    有时候想在家做早餐，思路却总是在面包、炒饭、煎蛋和火腿肠上打转转，很难变出什么新花样。其实，在你的冰箱和早餐餐盘之间，欠缺的只是一点"灵感"。

    当你手边有一袋吐司，除了简单地夹上两片火腿一个煎蛋之外，还可以用它做成吐司布丁，或者吐司卷。一袋白白的面包，可以让一周七天的早餐都不重样。从超市买回一袋速冻鸡排，最简单的就是按照说明书炸好之后装盘作为一道菜，但是你也可以用它做鸡排汉堡或者鸡肉卷，料理方式都不复杂，只是看你能不能想到。

    在超市的冷藏柜边多转两圈，你会发现可以利用的食材原来这么多，速冻饺子、冷冻混合蔬菜粒、半成品的鸡排、鱼排等，任何一种，经过简单的处理，都可以以全新的形象出现在早晨的餐桌上。

　　有时候理智告诉你，你需要新鲜蔬菜，但是又觉得蔬菜没有水果好吃，而且蔬菜料理起来比水果麻烦。其实有个不需要厨艺的简单方法：选一种"我的身体需要但是我不爱吃"的蔬菜，再挑一种水果，扔到料理机里打碎成汁，然后一起喝下去。水果的甜味可以中和蔬菜的青涩，变成液体之后连咀嚼的过程都省略了。注意，一定要用搅拌机而不是原汁机，虽然原汁机里出来的蔬果汁更顺滑，但是原汁机会出渣，损失了一部分营养和大量的膳食纤维，很浪费。最初喝果蔬汁可能会不习惯，但是只要每天默念"这个有营养"，再大口喝下去，你的气色一定会越来越好。

早餐什么时间做

提到做早餐，很多人一定会说：哪有时间？有那时间还不如多睡10分钟！所以关于做早餐的时间从哪里来，只能说给那些想改变自己早餐餐桌的人。让我们来一起想想办法，如何在忙碌的早晨能挤出时间做早饭！

工作日清晨的时间宝贵，但是周末的时间还是相对充裕的，把一周需要用的食材买回来，清洗、切块、腌制，利用一两个小时处理好。分类装在保鲜盒里，根据需要冷冻或者冷藏。这样每天晚上把第二天要用的食材解冻，可以大大减轻早晨的负担。

不管做任何事情之前，心中有个计划，可以让整个过程有条不紊。关于做早餐，很重要的一步就是前一天晚上先想好：明天我要吃什么。脑中的计划可以让你在睡前就做好准备，比如你想吃排骨面，那提前处理好排骨放进高压锅，设定好时间，第二天早上只需要煮个面条；如果你想喝豆浆，至少要提前泡上豆子；甚至你可以把早上要喝的蔬果汁需要的蔬菜水果切块放进保鲜盒，早上直接扔进料理机就好。

因为前一天晚上已经决定好了，早上睁开眼睛之后用两分钟回忆一下今天吃什么，然后直接进厨房，点燃煤气，开始烧开水；或是把豆子放进豆浆机，把水果蔬菜放进料理机，打开开关，再去洗漱。这样在你清洁自己的同时，早餐过程也在同步进行着，完成这些动作所占用的时间几乎可以忽略不计。

最初开始做饭的时候，几乎每个人都经历过手忙脚乱，完全不懂做饭的顺序，做一顿饭耗时特别长，厨房还弄得像个战场。随着时间的推移，经验的积累，慢慢就会形成自己的步骤。在时间宝贵的早晨，统筹就显得更重要。在开始操作前心里就要有个顺序，在心里模拟操作一遍，找出最合理利用时间的方案。哪个步骤耗时长，放在最前面；哪些步骤可以同时进行，那就同时操作。经验多了你会发现你完全可以控制早餐上桌的时间，甚至可以保证早餐的饮品和主菜在上桌时都是刚好可以入口的温度，不会出现一个烫嘴一个已经凉了。关于其中的秘诀嘛，只能是勤加练习，努力思考，实践出真知。

充分利用你的厨具

家里做早餐一般都会用到哪些厨具呢？如果你刚开始接触厨房，建议你准备这些东西。

不粘平底锅

不管是做中式早餐还是偏西式的早餐，平底锅应该是出场最多的一种厨具。普通家庭做中餐的机会远超过西餐，所以最好选深型煎锅，不仅能煎，简单的炒菜也不容易溢出来，用处很多。现在市面上的煎锅大多是有不粘涂层的，不粘锅不仅好清洗，而且不粘涂层的存在可以大大降低食用油的使用量。

小奶锅

小奶锅的用处也非常大，热牛奶、煮面条、煮鸡蛋，做一到两人份的早餐用这个大小的锅最合适。如果你的奶锅也是有不粘涂层的，它甚至可以煎蛋，或者炒比较少的菜，煮少量的酱汁。煮一碗热汤面想要炝锅，就不用多占用一次炒锅，一个小奶锅全搞定。

电饭煲

现在电饭煲的技术已经很成熟了，普通电饭煲基本上都有定时预约功能。对早餐来说，这个定时功能还是挺实用的，不仅可以做普通的大米饭、杂粮饭，还可以在米饭里加上任何配料，一锅出。晚上睡前把食材放进锅里，设定好时间，早上打开锅盖就可以吃早餐。

压力锅

　　压力锅因为使用频率没有电饭煲那么高，所以可以算是个备选厨具。它最大的优势是可以让食物快速软烂，在煮杂粮和肉类的时候很便利，普通的锅具需要一两个小时甚至更长的时间工作，用高压锅20分钟就搞定了，在紧张的生活节奏下，缩短了在厨房忙碌的时间。如果选择电压力锅，它的功能在许多方面与电饭煲是重合的，具体选择哪一个，全看个人习惯。特别提示，高压锅毕竟内部压力大，有一定的危险性，一定要选择大品牌、有质量保证的。并且定时更换密封圈，检查高压锅使用的安全性。

烤箱

　　随着烘焙这股风越来越热，烤箱在年轻家庭的普及率急速上升。但是一定有很多人跟风买回来之后闲置，其实除了做烘焙，烤箱的用处还很多。小型的烤箱价格便宜，占用空间小，却可以给餐桌变换很多花样。最不济，烤箱还能让家里受潮的干果恢复酥脆，让隔夜的烧饼、油条好像新出锅。

第一章

熟悉的味道
——中式早餐

简单的港式美味

火腿西多士

烹饪时间 15 min
难易程度 中

特色

听这名字多洋气！这是小时候看的港产电视剧里茶餐厅的当家菜。其实自己做很简单，心情好的时候，自己动动手，满足的不只是胃，还有那颗怀旧的心。

主料	吐司面包4片　鸡蛋2个 奶酪片2片　火腿片2片

辅料	牛奶2汤匙	油2汤匙

做法

❶ 吐司面包切去4边黄色的部分。为了成品美观，切掉的部分尽量保持等宽。

❷ 取一片去掉边的吐司面包，放一片火腿片，再放上一片奶酪。

❸ 盖上另一片吐司面包。用同样的方法将另一份吐司夹组装好。

❹ 将鸡蛋磕入一个深盘中，加入牛奶，充分打散。

❺ 平底锅中放入两汤匙油，开小火加热。

❻ 将组装好的吐司夹平放入蛋液中轻轻蘸一下，一面蘸好后翻面同样蘸匀。

❼ 蘸好蛋液的吐司放入锅中，煎至一面金黄。

❽ 借助勺子和筷子将吐司夹翻面，煎至两面金黄后出锅，沿对角线切开即可。

烹饪秘笈

刚下锅的吐司夹容易散开，因此要等一面金黄上色，同时内部的奶酪受热融化起到粘合作用后再翻面。借助铁勺翻面，会使操作更容易。

营养贴士

金黄的西多士拥有充足营养。谷物中的碳水化合物和膳食纤维、奶酪、鸡蛋和火腿片中的蛋白质、脂肪及矿物质，在小小的厨房组合成完美搭档，助你开启活力满满的一天。

老北京糊塌子 /

西葫芦鸡蛋饼

烹饪时间

难易程度

特色

这是一款老北京传统小吃，其最大优势是省时省力，可以搭配中式、西式、日式等任何酱汁，并且满足了早餐需要的全部营养元素。

主料	西葫芦1个　　鸡蛋2个 面粉150克
辅料	盐2茶匙　　　　花椒粉1/2茶匙
	大葱5克　　　　油适量

做法

❶ 西葫芦去蒂、洗净，对半剖开，用勺子挖去子。

❷ 用擦丝器将西葫芦擦成细丝，放入一小盆中。大葱切碎成葱末。

❸ 盆中打入2个鸡蛋，加入盐、花椒粉、葱末，搅拌均匀。

❹ 加入面粉，搅匀至没有干粉颗粒，静置15分钟之后再次搅匀。西葫芦加盐会出水，因此需要二次搅拌。

❺ 小火加热平底锅，放入少量油抹匀。

❻ 油热后向锅中加入一汤勺面糊，用勺背将面糊摊开。

❼ 待面糊定形，一面成金黄色后借助铲子翻面，烙至两面金黄后即可出锅。

烹饪秘笈

传统的糊塌子在吃的时候会蘸醋蒜汁，即将蒜蓉加入香油、醋中，调匀即可。西葫芦水分很大，加盐后会出汤，所以不用额外加水。如果喜欢吃特别薄的饼，可以适当加水，面糊越稀，摊出的饼越薄。

营养贴士

鸡蛋富含蛋白质，且易于营养吸收，是很好的滋补品。西葫芦具有排毒消水肿的食疗功效。这是一道美容养颜、减肥瘦身的营养早餐。

爽脆王者

土豆丝饼

| 烹饪时间 | 20 min |
| 难易程度 | 中 |

特色

土豆既是蔬菜又是粮食，富含维生素及碳水化合物。擦成细丝，加点儿喜欢的调料，简简单单便做好一顿营养丰富的早餐。

主料

土豆 2 个

辅料

盐 1 茶匙　　　　　　　　油 1 汤匙
白胡椒粉 1/2 茶匙　　　　黑芝麻适量
香葱 10 克

烹饪秘笈

擦好的土豆丝不用水洗，土豆丝表面渗出的淀粉更容易让土豆丝饼粘合在一起，饼更容易定形。喜欢脆些的口感，就把饼摊得薄些，喜欢外脆内软的口感，饼就摊厚些。

做法

❶ 土豆去皮，冲洗干净，擦成细丝待用。

❷ 香葱去根，洗净，切成小粒。

❸ 将土豆丝放入一大碗中，加入盐、白胡椒粉和香葱粒，搅匀待用。

❹ 开中火加热平底锅，放入少许油抹匀。

❺ 用汤勺舀一勺土豆丝，摊平在平底锅上，厚度尽量均匀，撒少许黑芝麻，转小火慢煎。

❻ 待土豆丝饼定形，一面金黄后翻面煎另一面。两面金黄后即可出锅。

特色

最爱热干面那种劲道的面条裹着芝麻酱的醇香！但又不是所有城市都能吃到这种早餐，馋了怎么办？自己做呗。

简版热干面

烹饪时间	25 min
难易程度	中

主料

鲜面条 200 克	榨菜 2 汤匙
酸豆角 1 汤匙	香葱 10 克

辅料

芝麻酱 2 汤匙	盐 1/2 茶匙
香油 3 汤匙	辣椒油 1 汤匙
甜面酱 2 茶匙	白芝麻适量
生抽 1 汤匙	鸡精适量

烹饪秘笈

鲜面条除了煮熟，蒸熟也可以，面条的口感会更干爽。但是香油要在下锅蒸之前拌入面条，防止粘连。

做法

❶ 鲜面条放入开水中煮熟，注意火候，不要煮得太软烂，要保留面条的嚼劲。

❷ 煮好的面条中拌入一汤匙香油，拌匀。将面条摊开晾凉。

❸ 香葱、榨菜、酸豆角切成小粒，不要切太碎，保持爽脆的口感。

❹ 芝麻酱放入碗中，分次加入2汤匙香油，用筷子搅拌将芝麻酱稀释。

❺ 稀释的芝麻酱中加入甜面酱、生抽、鸡精、盐，搅拌均匀成调料汁。

❻ 晾凉的面条放入碗中，浇上调料汁。

❼ 再撒上香葱、榨菜、酸豆角粒和白芝麻，淋适量辣椒油，吃之前搅拌均匀即可。

春天的小清新
鸡肉卷

烹饪时间	15 min
难易程度	低

特色

好怀念那退市的"墨西哥鸡肉卷"。现炸的鸡柳金黄酥脆，加点配菜、酱料，轻轻卷起来，春饼和鸡柳的浪漫邂逅因你而起。

主料	春饼 2 张	速冻鸡柳 6 条

辅料		
生菜 2 片	西红柿 1/2 个	
千岛酱 2 汤匙	番茄酱 1 汤匙	
油适量		

做法

❶ 西红柿洗净，切成粗条。生菜洗净，撕成小片。

❷ 锅中放油，放入速冻鸡柳，小火煎熟。

❸ 取几张纸巾叠放，将煎熟的鸡柳捞出，放在纸巾上，吸掉多余油分。

❹ 小火加热平底锅，将春饼放在锅中加热1分钟，使春饼恢复松软。

❺ 加热过的春饼放在砧板上，在正中间放3条鸡柳。

❻ 挨着鸡柳放一半的生菜片和西红柿条，挤上千岛酱和番茄酱，将春饼卷起即可。

烹饪秘笈

春饼在超市和副食店都可以买到，有条件的话也可以平时自己烙好冷冻，随吃随取。除了鸡肉卷，在春饼中卷火腿或是煎过的培根同样美味。

营养贴士

面饼富含碳水化合物，鸡柳富含蛋白质，生菜和西红柿则含多种维生素和矿物质。这道营养全面均衡的早餐，能让你精神焕发，迎来崭新的一天。

儿时的味道
黄金馒头片

| 烹饪时间 | 15 min |
| 难易程度 | 低 |

特色

金黄酥脆，不管是撒盐、撒糖还是蘸酱，都蕴含着儿时的味道。习惯了崇尚少油的现代饮食，偶尔给自己炸一次馒头片，简简单单，却能带来满嘴的酥软满足。

主料

馒头 2 个　　　鸡蛋 1 个

辅料

水 2 汤匙

盐 2 茶匙

油适量

烹饪秘笈

切好的馒头片不要在蛋液中泡太久，馒头片吸收太多水分容易糟碎，煎出的馒头片内部很湿软。如果喜欢吃酥脆口感的馒头片，将蛋液替换成清水即可，同样是快速蘸一下后下锅。

做法

❶ 将馒头切成约1厘米厚的片。馒头不要选新蒸的，冷藏过的馒头比较硬，更易切得整齐。

❷ 鸡蛋磕入大碗中打散，加盐、加水搅打均匀。

❸ 中火加热平底锅，锅中放适量油，转动锅，使油均匀分布。

❹ 取一片馒头片，快速在蛋液中蘸一下，使两面都裹上蛋液。

❺ 裹上蛋液的馒头片直接放入平底锅中，蘸一片放一片，直到将锅底铺满。

❻ 待馒头片一面煎成金黄色后将其翻过来煎另一面，整锅馒头片按照放入的顺序依次翻面。

❼ 煎好的馒头片取出，放在厨房用纸上吸去多余油分即可。

特色

一道简单的南方小吃，柔软的蛋饼卷上酥脆的油条，配上肉松，咬一口还会挤出甜面酱！遇到这么"懂你要什么"的组合，谁还会去考虑这一顿热量是不是超标？

主料

油条 1 根 　　鸡蛋 2 个
面粉 2 汤匙

辅料

香葱 5 克 　　　　　甜面酱 2 茶匙
盐 1/2 茶匙 　　　　肉松 1 汤匙
白胡椒粉 1/2 茶匙 　油少许

烹饪秘笈

蛋饼里放的甜面酱最好选择烤鸭专用的那种，不会太咸。如果是普通甜面酱，可加些糖，用少量水稀释之后口感更柔和。当然也可以根据自己的口味将甜面酱替换成烤肉酱等口味偏咸的酱料。

南方小吃
蛋饼油条

烹饪时间 　30min
难易程度 　中级

做法

❶ 小香葱洗净切成小粒。鸡蛋磕入碗中打散。

❷ 将盐、白胡椒粉、面粉和香葱粒加入鸡蛋液中，充分搅拌到没有面粉颗粒，形成蛋糊。

❸ 油条放入烤箱，120℃加热5分钟，使油条恢复酥脆。

❹ 中火加热平底锅，锅中放少许油，抹匀。

❺ 锅热后倒入蛋糊，转动平底锅使蛋糊均匀铺满锅底，转小火加热。

❻ 蛋饼凝固后关火。将油条放在蛋饼1/3处。

❼ 挨着油条撒上肉松，挤少许甜面酱。

❽ 用蛋饼将油条卷起，出锅，用刀从中间一切为二即可。

彩虹的味道

五彩饭团

烹饪时间	20 min
难易程度	低

特色

早餐开启新的一天，不光好吃，还得好看。饭团只是一种吃掉米饭的形式，当然可以依照我们的习惯，用我们的食材做中国人的饭团。

主料	米饭 200 克	
辅料	胡萝卜 50 克	干香菇 2 个
	火腿肠 1 根	莴笋 50 克
	鸡精 1/2 茶匙	盐 1 茶匙
	油少许	

做法

❶ 胡萝卜、莴笋去皮，香菇泡发去蒂，冲洗干净。米饭加热回温。

❷ 处理好的蔬菜和火腿肠，切成同样大小的小丁待用。

❸ 炒锅放少许油，将蔬菜和火腿肠丁炒到略软，加盐、鸡精拌炒均匀。

❹ 炒好的配菜放入温热的米饭中，切拌均匀。切拌的方法可以更好地保证米粒的完整性。

❺ 取一张大一些的保鲜膜，对折使保鲜膜两层重叠，增加韧性不易破。

❻ 将保鲜膜放在手掌上，挖一勺拌好的米饭放在保鲜膜中央。

❼ 手掌拢起，将米饭包住，保鲜膜收口处拧紧，使饭团成球状。

❽ 去掉保鲜膜，将剩余的拌饭依照同样方法包成饭团即可。

健康 DIY

鸡蛋灌饼

烹饪时间	15 min
难易程度	中

特色

手抓饼，经过简单处理就可变身鸡蛋灌饼。只要稍稍用一点心，它的口感会介于鸡蛋灌饼和印度飞饼之间。担心外面的地沟油吗？那就 DIY 你自己的灌饼来吃吧。

主料

手抓饼 1 张　　鸡蛋 1 个

辅料

生菜 1 片	火腿肠 1 根
沙拉酱 2 茶匙	
番茄酱 2 茶匙	

烹饪秘笈

这道早餐的主料，可选择市面上销售的印度飞饼或手抓饼两种，无论选择哪种，操作方法都相同。手抓饼和印度飞饼含油量都比较大，煎的时候不用放油。

做法

❶ 生菜洗净，撕成小片。火腿肠纵向剖开成两条。

❷ 小火加热平底锅，不放油，锅热后放入手抓饼，保持小火加热。

❸ 将手抓饼煎至一面金黄，翻面。在饼上磕一个鸡蛋，用筷子将鸡蛋黄戳破。

❹ 将剖开的火腿肠放在手抓饼旁边，盖上锅盖煎约1分钟。

❺ 蛋清略发白凝固后，再次将饼翻面，不盖盖煎到鸡蛋熟透。

❻ 将手抓饼取出放在盘子里，有鸡蛋的一面朝上。

❼ 在饼中间放上生菜、火腿肠。

❽ 挤上番茄酱、沙拉酱，将饼卷起即可。

特色

剩馒头，再蒸一遍，味道太单调；炸呢，油太大！那就试试裹上鸡蛋炒炒吧，鸡蛋隔绝了油脂对馒头的入侵，却留下了蛋香四溢。哎哟，味道不错哦。

主料

馒头1个	鸡蛋1个
火腿肠1根	胡萝卜1/2根
香葱1根	

辅料

白胡椒粉1茶匙

盐2茶匙

油适量

烹饪秘笈

馒头丁裹上蛋液可以减少油分的渗入，同时让馒头更松软。蛋液的多少随意，但是蛋液裹得多时，馒头丁要多炒一会儿，让表皮下的蛋液充分凝固，以免咬开之后里面还是生的。

蛋香四溢

炒馒头

烹饪时间 25 min
难易程度 低

做法

❶ 将隔夜馒头切成边长约1.5厘米的方丁。香葱洗净切成小粒。

❷ 胡萝卜去皮，与火腿肠切成同样大小的方丁。胡萝卜不要切得太大，否则不易炒熟。

❸ 鸡蛋磕入大碗中打散，放入馒头丁拌匀。

❹ 中火加热炒锅，放油，油热后放入馒头丁，先不要翻炒，让馒头表面的蛋液受热定形。

❺ 约半分钟后用铲子翻动馒头丁，使其受热均匀。翻炒到馒头丁金黄松软后出锅。

❻ 锅中放少许油，下胡萝卜丁翻炒2分钟。放火腿肠，炒到胡萝卜变软。

❼ 将炒过的馒头丁放回锅中，加入盐、白胡椒粉。

❽ 加入香葱粒，翻炒均匀后即可出锅。

奶香玉米饼

烹饪时间	20 min
难易程度	低

特色

我们都知道多吃粗粮有好处，但是吃惯了大米、白面，可能会觉得玉米面有点儿粗糙，口感不好。换一种料理方式，把玉米面变得像点心一样，吃粗粮就从完成任务变成了享受。

主料

玉米面 70 克	面粉 30 克
牛奶 50 克	黄油 20 克
鸡蛋 1 个	

辅料

绵白糖 40 克

泡打粉 1 茶匙

烹饪秘笈

煎玉米饼的时候，面粉里添加的液体要根据粉类实际的吸水情况酌情判断。面糊水多，流动性强，更容易摊出圆润漂亮的面饼。用小口容器垂直缓慢地将面糊倒在平底锅上，期间手不要移动，面糊会自动摊开成圆形。

做法

❶ 鸡蛋磕入碗中打散，黄油隔水融化成液体待用。

❷ 牛奶放入小盆中，加入蛋液、黄油，充分搅拌均匀。

❸ 将玉米面、面粉、白糖和泡打粉搅拌均匀成混合粉。

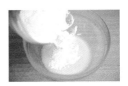

❹ 将混合粉加入到牛奶蛋液体中，充分搅拌均匀到没有干粉，醒15分钟以上。

❺ 中火加热平底不粘锅，醒好的面糊重新搅拌均匀以免分层。

❻ 锅热后转小火，取一勺面糊缓缓倒入锅中，使面糊摊成圆饼形。

❼ 面糊表面干燥，出现许多小孔时，将玉米饼翻面。翻过来的一面应该已经煎成了金黄色。

❽ 翻面后继续煎2分钟左右，到玉米饼熟透即可出锅。

特色

小时候吃的发糕都是金黄色的，自己做时，可以换点儿配料试试看。红糖的味道很特别，干红枣上锅蒸过之后饱满又多汁，红糖和红枣相辅相成，甜甜蜜蜜，补气又养血。

主料

面粉 140 克	玉米粉 60 克
温水 200 毫升	

辅料

发酵粉 3 克	油少许
红糖 50 克	
红枣片 60 克	

烹饪秘笈

加入发酵粉的面食，在蒸熟之后一定不能马上开盖，关火后要闷 3 分钟以上，否则蒸好的面食骤然遇冷会回缩很厉害。蒸发糕的容器尽量选择直身的小盆，类似蛋糕容器的最好，蒸熟后容易脱模。

补气养血

红糖红枣发糕

烹饪时间	30 min
难易程度	中

做法

❶ 发酵粉、红糖加入到温水中溶解。水温与手的温度接近即可，太冷、太热都会影响酵母活性。

❷ 面粉、玉米粉放入小盆中，分几次加入酵母水，边加边搅拌。

❸ 加入2/3的红枣片，搅拌均匀到没有干粉，成为均一的面糊。

❹ 在耐热的容器中涂一层食用油。容器的大小为面糊体积的2倍为宜。

❺ 将面糊倒入涂了油的容器中，盖上保鲜膜，发酵到面糊变成2倍高。

❻ 蒸锅上汽。发酵好的面糊去掉保鲜膜，在表面撒上剩余的枣片。

❼ 入锅蒸20分钟，关火后不要开盖，闷5分钟。

❽ 将容器取出，放凉后用小刀沿着容器边划一圈，将蒸好的发糕取出即可。

有内涵的美食

生煎包

烹饪时间	60 min
难易程度	高

上海人叫它"生煎馒头"，皮酥、汁浓、肉香、精巧得就像上海人。轻咬一口，肉香、油香、葱香、芝麻香，混合在一起的美妙滋味在口中久久不能消散。

主料

面粉 300 克	温水 160 毫升
干酵母 3 克	清汤皮冻 100 克
猪肉末 250 克	葱末 2 汤匙
姜末 1 茶匙	老抽 1 汤匙
鸡精 1 茶匙	绵白糖 1 茶匙
黄酒 1 汤匙	香油 1 茶匙
白胡椒粉 1/2 茶匙	

辅料

| 黑芝麻适量 | 油适量 |
| 香葱粒适量 | |

做法

❶ 干酵母融于温水中，分次加入面粉中，用手揉成光滑的面团，放在温暖处发酵至面团变成2倍大。

❷ 猪肉末中加入葱末、姜末、老抽、鸡精、白糖、黄酒、香油、白胡椒粉，将肉馅顺一个方向搅打上劲。

❸ 肉皮冻切成小丁，加入肉馅中拌匀。拌好的肉馅放入冰箱中冷藏，防止皮冻融化。

❹ 发好的面团放到面板上，按压出大气泡，分成约20克大小的小剂子，用保鲜膜盖好防干。

❺ 将小剂子擀成四周薄中间厚的面皮，放适量肉馅儿。用包包子的方式做成生煎包的生坯。

❻ 中火加热平底锅，锅中放入适量油，把包子褶朝下码满锅底，每个小包子之间留少许空隙。

❼ 加入清水，水量以刚好没过包子为宜。盖上锅盖，大火烧至水沸腾后转中火。

❽ 煎至锅里的水完全收干，打开锅盖，撒上黑芝麻和香葱粒即可出锅。

烹饪秘笈

灌汤包中的汤都来源于肉皮冻。用鸡爪或者猪肉皮，加葱、姜及食材 3 ~ 5 倍的水熬出胶质，过滤干净，放凉后冷藏即可。自家做生煎包，如果想省略掉皮冻，可以在肉馅中打水或者高汤。

营养贴士

这道生煎包富含蛋白质和碳水化合物，在满足口腹之欲的同时给予你力量。在寒冷的冬季，趁热吃上一笼生煎包，让你全身发暖，元气满满！

吃不胖的甜品

豆沙南瓜饼

烹饪时间 30 min
难易程度 中

南瓜作为中西式甜点中的重要角色，
不仅味道清甜，而且颜色很漂亮，根
据添加量的多少，成品呈现黄色或橙
色。在你的料理中加入南瓜，让餐桌
明亮起来吧。

主料　南瓜肉 300 克　糯米粉 180 克
　　　绵白糖 20 克　红豆沙 200 克

辅料　白芝麻适量
　　　油适量

做法

❶　去皮去子的南瓜肉切成
小丁，放入盘中大火蒸熟。

❷　蒸好的南瓜取出，加入白
糖，搅拌成南瓜泥后放凉。

❸　南瓜泥放凉后加入糯米
粉，搅拌均匀，揉成不粘手的
面团。

❹　将面团分成约60克一个的
剂子，盖上保鲜膜防止变干。
豆沙揉成约20克一个的小球。

❺　将面剂子捏成面饼，放入
豆沙，包紧后收口捏紧，揉圆。

❻　包好的豆沙南瓜球在白芝
麻上轻轻蘸一下，裹上一些白
芝麻，再轻轻压成小饼。

❼　加热平底锅，锅热后放油，
将南瓜饼放入，保持小火煎。

❽　煎到一面金黄后翻面，
两面金黄后即可出锅。

烹饪秘笈

南瓜饼可以一次
多做一些冷冻起
来，冷冻之前要
用保鲜袋、保鲜
膜或者烘焙纸将
每一个饼隔开，
否则冷冻之后掰
不开。豆沙很甜，
南瓜面里不加糖
也可以。

手工的魅力

葱油饼

烹饪时间	40 min
难易程度	高

特色

一把小葱，几杯面粉，在温水的作用下，慢慢揉合。或压或抻，随着手掌与面团的亲密接触，每一张饼都带着制作者的印记。大概，这就是手工制造的魅力。

主料

面粉 300 克　　　温水 180 毫升
香葱粒 100 克

辅料

油适量
盐 1 茶匙

烹饪秘笈

烙饼的面通常比较软，才能做出松软的饼，因此面团含水量大。和面的时候用筷子就可以，不要过度搅拌，避免产生过多的面筋使面团变硬。擀面片和葱油饼的时候，面板上多放些干粉，否则容易粘在面板上。

做法

❶ 面粉放入面盆中，缓缓加入温水，边加边用筷子搅拌，直到没有干粉，再继续搅拌几下即可。

❷ 面盆盖上保鲜膜，醒30分钟以上。醒好的面团应该是湿润顺滑的。

❸ 面板上多放些干面粉防粘，将醒好的面团取出，分成两份。

❹ 面板上撒足量的干面粉，取一份面团，擀成大片。面片要尽量薄，做出的葱油饼层次才能更丰富。

❺ 在面片上均匀刷一层油，边缘也要刷到。撒上一半的香葱粒和适量盐。

❻ 将面片从下往上，卷成一长条。

❼ 将卷好的面饼条盘起来，成为一个厚实的饼，尾端塞到缝隙里。再用擀面杖将面饼擀薄。

❽ 饼铛中放少量油，小火将葱油饼烙至两面金黄即可。

特色

简单的美味，最适合时间紧张的早晨，给自己一点丰盛，并不一定代表要早起哦!

主料

| 面条 100 克 | 鸡蛋 2 个 |

辅料

鸡毛菜 80 克	醋 2 茶匙
生姜 5 克	鸡精 1/2 茶匙
大蒜 2 瓣	盐 1 茶匙
生抽 1/2 汤匙	油适量

烹饪秘笈

做炒面最好选择专供炒面的面条，炒出来比较利落，且口感较好，如果没有买到，也可以用其他面条代替; 打蛋液时，往蛋液中加少许清水，炒出来的鸡蛋会更加蓬松。

简单而不简陋

鸡蛋炒面

| 烹饪时间 | 15分钟 |
| 难易程度 | 低 |

做法

❶ 鸡毛菜择洗干净，沥水待用; 鸡蛋打成蛋液待用。

❷ 生姜去皮洗净，切姜末; 大蒜去皮洗净，切蒜末。

❸ 炒锅内倒入适量油，烧至七成热，倒入蛋液，小火煎至微微凝固。

❹ 然后将微微凝固的蛋液用锅铲划散成小块，盛出待用。

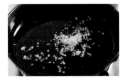

❺ 锅内再倒入适量油，烧至七成热，爆香姜末、蒜末。

❻ 然后放入面条，中小火慢慢翻炒，直至面条熟透。

❼ 再放入鸡毛菜，继续翻炒1分钟左右。

❽ 最后放入鸡蛋炒匀，并调入生抽、醋、鸡精、盐翻炒均匀调味即可。

变废为宝的美味

玉米蔬菜豆渣饼

烹饪时间 30 min

难易程度 中

特色

自己在家做豆浆，总会过滤出很多豆渣。
很多营养成分和绝大部分的膳食纤维，
都包含在豆渣里。加点儿调料处理一下，
就能变废为宝，收获满满的营养。

主料	豆渣 100 克	玉米粉 100 克
	鸡蛋 2 个	芹菜 50 克
	胡萝卜 50 克	

辅料

香油 2 茶匙

盐 2 茶匙

白胡椒粉 1 茶匙

油适量

烹饪秘笈

鸡蛋在豆沙饼中除了使营养更丰富，还起了粘合作用。如果豆渣比较湿，可以少放一个鸡蛋，同样的，如果比较干，再加些蛋液即可。

做法

❶ 豆渣包在纱布里，充分绞干。

❷ 胡萝卜去皮，与芹菜洗净，切成同样大小的颗粒。

❸ 炒锅中放少量油，下胡萝卜与芹菜粒炒到略软，加白胡椒粉、盐和香油拌炒均匀。

❹ 豆渣中加入玉米粉和鸡蛋、炒好的蔬菜粒，拌匀成团。

❺ 将拌好的豆渣面团搓成小球，再按压成小圆饼。

❻ 中火加热平底锅，锅中放适量油，下豆渣饼。

❼ 豆渣饼煎到一面金黄后翻面，两面金黄后即可出锅。

营养贴士

豆渣富含膳食纤维，可以排毒通便。芹菜中的芹菜素具有舒张血管和降血压的作用。鸡蛋和胡萝卜可补充蛋白质和多种维生素，使这道早餐营养更全面。

浓浓的香气
胡萝卜牛肉蒸饺

| 烹饪时间 | 60 min |
| 难易程度 | 高 |

特色

蒸饺相对于水饺更干爽，滋味更浓厚。并且蒸饺还有一个好处，就是不管包饺子的技术多烂，都不用担心饺子下锅之后变成一锅"片儿汤"。

主料

胡萝卜 300 克　牛肉末 300 克
面粉 500 克

辅料

油适量	生抽 1 汤匙
鸡精 1 茶匙	料酒 1 汤匙
盐适量	老抽 2 茶匙
大葱 5 克	白胡椒粉 1 茶匙
姜 5 克	香油 1 汤匙

烹饪秘笈

调馅的时候先不放蔬菜和盐，在包之前放，可以避免蔬菜出汤，还可避免盐使肉变硬变紧。蒸屉上抹一层食用油，可以避免蒸饺粘在蒸屉上。

做法

❶ 水中加入少许盐，分次加入到面粉中，边加水边用筷子搅拌成絮状，再揉成光滑面团，醒半小时。

❷ 胡萝卜去根、去皮，擦成细丝。葱、姜剁成碎末。

❸ 牛肉末放入盆中，加入生抽、料酒、老抽、鸡精、胡椒粉、葱末、姜末，拌匀。

❹ 醒好的面团搓成条，揪成小剂子，擀成饺子皮。

❺ 牛肉馅中加入胡萝卜丝、香油，加适量盐，顺一个方向搅拌至牛肉馅上劲。

❻ 取一片饺子皮，挖一勺肉馅，包成饺子。将饺子全部包好，放在抹了一层油的蒸屉上。

❼ 蒸锅上汽，饺子入锅蒸15分钟即可出锅。牛肉容易老，蒸的时间不宜过长。

特色

喜欢肉夹馍又觉得自己炖肘子太费事吗？何不试试超市里炖好的熟食。买回来切片加热一下，再烤上两个酥脆的烧饼，虽然比不上饭店里的腊汁肉夹馍，咬一口，照样是满嘴流油的满足。

主料

肘子肉 100 克　　烧饼 2 个

辅料

尖椒 1 个

香菜 2 棵

烹饪秘笈

买肘子肉的时候不要选太瘦的，纯瘦的肘子肉做肉夹馍会比较干。肘子肉蒸过之后会出肉汤，肉汤不要扔，跟肘子肉一起夹在烧饼里会有腊汁肉夹馍的效果。

大口的满足

快手肉夹馍

烹饪时间　15 min

难易程度　低

做法

❶ 市售肘子肉切成小丁，蒸锅上汽后入锅蒸10分钟。

❷ 尖椒去蒂去子，冲洗干净，切成小丁。香菜去根，洗净，切碎。

❸ 将香菜碎和尖椒丁放入蒸好的肘子肉中，搅拌均匀。

❹ 中火加热平底锅，锅热后放入烧饼和2汤匙水，盖锅盖到水烧干，给烧饼加热回温。

❺ 烧饼平放，用刀划开3/4，不要切断。

❻ 掀开烧饼，用勺子把拌好的肘子肉夹进去即可。

金玉满堂
奶黄包

烹饪时间 60 min

难易程度

特色

看似简单的一道小点心，面皮不说，光馅料就很是考验制作者的水准，做好了就是奶黄流沙包，做不好就会黏糊糊的一团。但是不管手艺怎样，家里做的至少保证健康无添加。

主料

面粉 300 克　牛奶 250 毫升　干酵母 4 克　绵白糖 120 克　鸡蛋 2 个

辅料

黄油 50 克

淀粉 50 克

烹饪秘笈

包豆沙包、奶黄包这样的甜点时，可以先把馅儿分割成均等重量的小份，揉成小球，这样不仅包的时候容易操作，包出的成品大小相同，更美观，也能保证上锅蒸的时候受热程度相同。

做法

❶ 干酵母溶于150毫升温牛奶，加入面粉中，加20克白糖和成面团。加盖保鲜膜发酵1小时。

❷ 鸡蛋液中依次加入100克白糖，100毫升牛奶和融化的黄油，用手动打蛋器充分搅拌均匀。

❸ 加入淀粉，快速搅拌到没有干粉颗粒。如果干粉颗粒很多，静置一会儿再搅拌。

❹ 蒸锅上汽，放入搅拌好的奶黄糊蒸20分钟。每隔5分钟搅拌一次，帮助奶黄馅凝结。

❺ 蒸好的奶黄馅取出，放到盘子里摊开晾凉待用。

❻ 发好的面团取出用手掌按压，排出大气泡，分成小剂子，再擀成圆形面皮。

❼ 用面皮包裹适量奶黄馅，包成球状，封口处捏紧，收口朝下放在蒸屉上，继续发酵15分钟。

❽ 蒸锅盖上锅盖，大火烧开，上汽后蒸15分钟，关火后闷5分钟即可。

特色

大饼、油条、豆浆和粢饭团，被称为上海早点的四大金刚。粢饭团在北方的早点中并不常见，偶尔自己做一下不熟悉的食物，从开始准备一直到放入口中，就像是心灵和味觉经历了一次短暂的旅行。

主料

大米 100 克	糯米 50 克
油条 1 根	卤蛋 1 个

辅料

萝卜干 30 克	黑芝麻适量
肉松 50 克	
熟花生仁适量	

心灵和味觉的旅行

粢饭团

烹饪时间	25 min
难易程度	中

烹饪秘笈

粢饭团除了做成成的，还可以把萝卜干替换成砂糖和黑芝麻粉，同时把油条烤酥脆，就变成了甜饭团。如果没有寿司卷帘，可以用厚度适中的杂志替代，从书脊的一端开始卷就好。

做法

❶ 糯米提前浸泡2小时以上，与大米一起蒸成米饭，水量要略少于平时蒸饭。

❷ 花生仁、萝卜干切碎，卤蛋切开成四瓣。

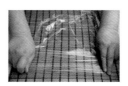

❸ 寿司卷帘平放，上面铺上一张保鲜膜，撒上适量黑芝麻。

❹ 盛适量温热的米饭到保鲜膜上，摊开，轻轻压实。米饭不用太多，能把馅料都裹起来就好。

❺ 在米饭上撒上一层肉松、适量花生碎和一些萝卜干。

❻ 正中央放半根油条，紧挨着油条码上卤蛋。

❼ 抓住寿司卷帘将饭团卷起来，压紧。去掉卷帘，将两端的保鲜膜拧一下。食用时去掉保鲜膜即可。

"菇"住的营养

香菇肥牛饭

| 烹饪时间 | 25 min |
| 难易程度 | 中 |

特色

牛肉饭，某日式快餐店的招牌饭。几片肥牛，汤汁透亮，浓香微甜，渗入米饭中让每一颗米粒都汁水饱满晶莹剔透。外面卖的牛肉少得可怜，自己做，想放多少肉就放多少肉。

主料	肥牛片 150 克	洋葱 1/2 个	
	胡萝卜 30 克	西蓝花 30 克	
	泡发香菇 3 个	鸡蛋 1 个	米饭 1 碗

辅料	米酒 60 毫升	绵白糖 15 克
	生抽 40 毫升	盐少许
	蚝油 1 茶匙	油少许

做法

❶ 洋葱去根去老皮，切细条。胡萝卜去皮切片，西蓝花切成小朵。香菇洗净去蒂切片。

❷ 烧一锅清水，水将沸未沸时磕入一个鸡蛋，关火闷到蛋清凝固后再开火煮2分钟，捞出待用。

❸ 锅中的热水中放少许盐和油，将胡萝卜片和西蓝花焯烫2分钟后捞出沥干。

❹ 下肥牛片，用筷子搅散，肥牛片变色后即捞出，洗去血沫待用。

❺ 另取一小汤锅，放入米酒、生抽、蚝油和白糖，加300毫升清水，烧开。

❻ 放入洋葱条和香菇片，煮至洋葱变软。

❼ 放入肥牛片，搅匀，煮1分钟后关火。肥牛容易老，不宜久煮。

❽ 将肥牛连同汤汁浇在米饭上，摆上胡萝卜、西蓝花和荷包蛋即可。

烹饪秘笈

如果没有米酒，可以用 1/2 量的白酒替代。最好不要用料酒，肥牛饭是日式口味的，料酒的香料味道会喧宾夺主。而且米酒是甜的，用白酒替代的情况下，白糖的用量需要酌情增加。

营养贴士

肥牛和鸡蛋富含蛋白质，米饭富含碳水化合物，再加上富含维生素和膳食纤维的多种蔬菜，使这道早餐营养更加全面。

满口的肉香

糯米烧卖

| 烹饪时间 | 50 min |
| 难易程度 | 高 |

特色

北方人可能会觉得面皮包糯米有点儿像"烙饼卷着馒头就着米饭吃"，里外都是粮食。但其实，糯米做成咸的，与腊肠混合，变成馅儿，口感弹牙，肉香满满，还挺特别的，偶尔试试也不错嘛。

主料

糯米 150 克	腊肠 100 克
胡萝卜 50 克	玉米粒 50 克
干香菇 3 朵	饺子皮适量

辅料

大葱 5 克	绵白糖 1 茶匙
生抽 1 汤匙	盐 1 茶匙
蚝油 2 茶匙	油少许

烹饪秘笈

腊肠蒸的时候会出油，跟糯米一起蒸，会让糯米更油亮滋润。如果觉得饺子皮太厚，可以替换成馄饨皮，还可省掉擀薄的步骤。烧麦在蒸制过程中可以喷撒一次清水，蒸出的烧麦皮会更水润。

做法

❶ 糯米提前一天用清水浸泡，泡好后沥干。

❷ 胡萝卜去皮切小粒，香菇泡发去蒂切小粒。大葱切成葱花。

❸ 腊肠切成小块，与沥干的糯米一起上锅蒸熟。

❹ 中火加热炒锅，锅内放少许油，下葱花爆香。

❺ 放入胡萝卜粒与香菇粒翻炒，下玉米粒和香肠糯米，加入生抽、蚝油、白糖和盐，炒匀即成馅料。

❻ 用擀面杖把饺子皮擀薄，取一张皮，放适量馅料。

❼ 用虎口将饺子皮拢起来，收口处不要封死，重叠部分捏紧，用勺子略压表面。

❽ 蒸锅上汽，放入烧麦，大火蒸10分钟即可出锅。

特色

以前在街边买烧饼夹里脊的时候，就很好奇怎么能把猪里脊肉处理得那么嫩，吃过几次之后觉得那好像是鸡肉。一小撮孜然粉，少许辣椒粉，酥脆的烧饼……口水要决堤啦！

主料

里脊肉 200 克	炸鸡粉 20 克
油酥火烧 2 个	生菜适量

辅料

孜然粉 1 茶匙
辣椒粉 1/2 茶匙
油适量

烹饪秘笈

里脊肉很容易熟，肉片捶打后又很薄，煎的时间要短，保持肉质鲜嫩。除了里脊肉，还可以选用鸡胸肉，也可以用同样的方法处理。

香辣酥脆

烧饼夹里脊

烹饪时间	20 min
难易程度	低

做法

❶ 里脊肉冲洗干净，用纸巾擦干水，用刀片成大片。生菜撕成小片，冲洗干净。

❷ 里脊肉铺在砧板上，盖上一层保鲜膜，用擀面杖敲打成约2倍大。

❸ 将变薄的里脊肉片改刀成小片。因为最后要夹在烧饼里，肉片不要切得太小。

❹ 里脊肉片两面裹上薄薄一层炸鸡粉，腌制20分钟以上。

❺ 油酥火烧从中间划开，不要切断，平底锅不放油，将火烧放入，小火加热使火烧回温后取出。

❻ 锅中放适量油，放入里脊片，小火煎到里脊肉变色。

❼ 转大火煎至表面微焦，出锅前撒适量孜然粉和辣椒粉。

❽ 将煎好的里脊片和生菜夹入火烧中即可。

和风小食

中华风大阪烧

大阪烧是日本关西地区很有名的一种食物，表皮酥脆，馅料丰富。把其中一些日本特有的食材替换成中国的，更易购买，并且口味更适合我们，外酥内软的口感和厚实的形状却能保持不变。

烹饪时间   25 min

难易程度   中

主料	圆白菜 200 克　　培根 100 克 油条 20 克　　　鸡蛋 2 个 低筋粉 150 克　　榨菜 30 克　　香葱 3 棵

辅料

鸡精 1 茶匙	白胡椒粉 1 茶匙
烧烤酱适量	沙拉酱适量
油适量	

做法

❶　油条切碎成小颗粒，用平底锅烤到酥脆。

❷　低筋粉中加入鸡精、白胡椒粉、打散的鸡蛋，搅拌到大致没有干粉。

❸　圆白菜去根、去老茎后切成短粗丝。香葱洗净，取葱绿部分切成小粒。培根切断成两半。

❹　圆白菜丝和油条碎、榨菜粒放入到面粉糊中，用铲子从下往上翻拌均匀，不要过分搅拌。

❺　中火加热平底锅，锅中放适量油，抹匀。油热后放入一半的圆白菜面糊，转小火。

❻　用铲子将圆白菜面糊按成厚饼状。在面糊上铺培根片。

❼　底面面糊定形后用铲子将菜饼翻面，两面都定形后转大火将表面煎酥脆即可。

❽　出锅后在表面涂一层烧烤酱，挤上沙拉酱，撒适量香葱粒即可。

烹饪秘笈

这个改良大阪烧中使用的都是最常见的食材，制作方法却是遵循日式大阪烧。面饼不要摊得太厚，保持在 2 厘米以下就好，否则不易熟。出锅之前用铲子按压面饼中央，没有流动性就表示面饼煎熟了。

营养贴士

圆白菜中含有某种"溃疡愈合因子"，能加速溃疡面愈合，是胃溃疡患者的佳蔬。培根则有健脾开胃的作用，在清晨唤醒你的胃口。

丰收的味道

彩蔬炒面

烹饪时间	25 min
难易程度	低

特色

最普通的蔬菜，搭配上简单的面条，再加上一颗想要认真做饭的心，成就了这样的美味。不是总有人说吗，山珍海味做好了不算本事，因为食材本身就美味，能把普通的家常菜做好才是真功夫。

主料	切面 300 克	火腿片 100 克

辅料		
圆白菜 100 克	胡萝卜 50 克	
洋葱 50 克	蒜 2 瓣	
生抽 2 茶匙	蚝油 1 茶匙	
黑胡椒粉 1/2 茶匙	白糖 1/2 茶匙	
油适量	盐适量	

做法

❶ 火腿片切成窄条。胡萝卜去皮切细丝，洋葱去老皮切窄条，圆白菜去梗切粗丝。蒜去根、去皮，切成小粒。

❷ 汤锅加足量水，水开后下面条煮到七成熟，捞出过凉水，充分沥干。过凉可让炒出的面更加筋道。

❸ 中火加热炒锅，锅内放入油，烧至六成热时下蒜粒爆香。

❹ 下胡萝卜丝，翻炒约30秒，炒到略变软。放入火腿条和洋葱条，快速翻炒。

❺ 转大火，下圆白菜丝，快速炒匀后放入煮好的面条。

❻ 放入全部调料，大火快速拌炒均匀即可出锅。

烹饪秘笈

炒面条的全过程，一直使用大火，炒的时候动作尽量快速，炒匀即可，这样才能炒出锅气十足、干爽筋道的炒面。面条煮后不马上炒的话要拌入适量油，以免粘连。选择圆身的鲜切面，做出的炒面筋道不易烂。

营养贴士

圆白菜富含维生素C、叶酸、钾等营养元素，具有抗氧化、防衰老、增强免疫力等食疗功效。切面富含碳水化合物，可满足你对能量的需求。

快手美味

葱油拌面

| 烹饪时间 | 30 min |
| 难易程度 | |

特色

冰箱里储存一些易于保存，随用随取的拌面调料很是方便，葱油就属于这种"战备粮"。经历了生冷不忌，吃多了大鱼大肉，从冰箱里拿出葱油和挂面，烧一锅水，马上就能吃上一碗舒心的面条。

主料

挂面120克　　香葱60克
油40毫升

辅料

生抽2汤匙	鸡精12茶匙
老抽2汤匙	
白糖1汤匙	

烹饪秘笈

葱油拌面的面条要用挂面或者鲜的细面条。想葱油拌面好吃，面条一定不能粘、不能烂，煮熟即捞出，不要久煮。剩余葱油放凉后，倒入干净的容器里密封，冷藏可保存一星期。

做法

❶ 香葱去根、去老叶，洗净，切掉葱白部分不要。

❷ 拿出几根切小粒，用来拌面。其余切成长段，用来炸葱油。

❸ 锅烧热，倒入油，小火将葱段煎成焦黄色。

❹ 再倒入生抽、老抽，用勺子搅拌均匀。先加入生抽和老抽，可使油降温，以免将白糖熬成焦糖。

❺ 加入白糖、鸡精，搅拌均匀使糖溶化，小火煮开即可关火。

❻ 另起锅加水烧开，下面条，煮熟后捞出放入碗中。

❼ 在面条上浇约1汤匙葱油汁，搅拌均匀。拌好的面条上撒少许香葱粒，吃之前拌匀即可。

特色

谁说只有面粉才能做饼？吃不掉的挂面也可以嘛。挂面易储存易煮熟，非常适合做早餐。煮好之后混上鸡蛋，煎得酥酥的，配上蔬菜和酱料，你会忘记它是挂面做的。

主料

挂面 150 克	鸡蛋 3 个
芹菜 1 根	培根 3 片
香葱 1 棵	

辅料

甜面酱 2 茶匙	料酒 1 茶匙
黄豆酱 2 茶匙	白胡椒粉适量
绵白糖 1 茶匙	熟白芝麻适量
油适量	

烹饪秘笈

尽量选宽一些的挂面，最好不要用龙须面。细面条容易叠在一起，中间没有空隙，要蛋液流入到挂面的空隙中才能达到外焦内软的口感。挂面易熟，煮的时间不要太长，否则易断，后续不好操作。

挂面煎饼

烹饪时间 20 min
难易程度 低

做法

❶ 香葱去根，洗净后切小粒。芹菜洗净，切小粒。

❷ 鸡蛋打散，加入料酒和白胡椒粉，搅拌均匀。黄豆酱、甜面酱加上白糖搅匀成抹酱。

❸ 挂面放入沸水中煮到七成熟，捞出沥干后拌入少许油，防止面条粘连。

❹ 中火加热平底锅，锅热后放入一汤匙油，抹匀。放入挂面，摊平使面条覆盖锅底。

❺ 在面条表面均匀淋下蛋液，蛋液定形、微焦后翻面，煎到两面金黄后盛出放到砧板上。

❻ 在煎饼表面涂上一层抹酱，在半边撒上一层芹菜粒。

❼ 放上培根条，撒香葱粒、适量白芝麻。将煎饼对折夹住内馅。用快刀切块即可装盘。

极为鲜美
素三鲜包子

烹饪时间	90 min
难易程度	高

特色

香菇、木耳和鸡蛋混合在一起，经过炒制后做馅，制作过程虽然有点麻烦，却并不难，不管做包子还是饺子馅儿都很鲜美，小朋友通常都特别喜欢这款馅料。

主料

鲜香菇 10 个	干木耳 20 克
鸡蛋 3 个	面粉 200 克
温水 70 克	

辅料

干酵母 2 克	盐 1 茶匙
绵白糖 30 克	大葱 5 克
蚝油 1 汤匙	姜 3 克
白胡椒粉 1 茶匙	油适量
鸡精 1/2 茶匙	

烹饪秘笈

制作这种内馅需要提前加工炒熟的包子，一定要等馅彻底冷却才能开始包，否则包子的面会被"烫死"。同样，如果内馅是从冰箱里直接拿出来，温度远低于室温，也要等馅恢复到室温再包。过冷或过热的馅料都会影响面皮的发酵。

做法

❶ 木耳提前泡发，去根后切碎。香菇去蒂、切片后改刀切碎。大葱切成葱花，姜切末。

❷ 鸡蛋打散后炒熟，盛出。锅中留底油，烧至六成热后放入葱花、姜末，煸炒出香味。

❸ 放入切碎的香菇和木耳，煸炒到香菇出水，变软。

❹ 放入蚝油、鸡精、白胡椒粉和盐，翻炒均匀。最后放入鸡蛋，拌炒均匀后彻底放凉。

❺ 温水溶解酵母，分次加入到加有白糖的面粉中，揉成光滑面团。放置温暖处发酵到2倍大小，约需要1小时。

❻ 发好的面团放在面板上按压排气，揉圆，醒15分钟。然后分成小剂子，擀成包子皮。

❼ 将包子一个个包好，放在蒸屉上进行二次发酵，发酵时间约15分钟。

❽ 凉水将包子入锅，蒸锅上汽后，继续蒸15分钟，关火后不要打开锅盖，闷5分钟后即可将包子取出。

特色

吃过那么多种馅料，还是无法割舍猪肉大葱！猪肉跟大葱相辅相成，互相衬托，简单不浮夸，最有居家过日子温暖朴实的感觉。

主料

猪肉末 300 克　　大葱 1 根
饺子皮适量

辅料

料酒 1 汤匙	香油 1 茶匙
老抽 1 茶匙	盐适量
生抽 1 汤匙	绵白糖 1 茶匙
姜 5 克	油适量
鸡精 1/2 茶匙	

烹饪秘笈

市面上销售的饺子皮一般比较厚，擀薄一些口感更好。锅贴都是瘦长的，沿一个方向把圆形的饺子皮擀成椭圆形最好。擀好的饺子皮装进保鲜袋或者用保鲜膜盖上，以免水分蒸发后变干。

温暖不浮夸

猪肉大葱锅贴

烹饪时间　45 min
难易程度　中

做法

❶　大葱去根、去老皮，切碎。姜切末。饺子皮用擀面杖沿一个方向擀一下，让饺子皮变长。

❷　猪肉末中加入姜末、料酒、生抽、老抽、白糖、鸡精、盐和香油，顺一个方向搅打上劲。

❸　葱末放入猪肉馅，搅拌均匀。大葱提前放入容易出汤，包之前放进肉馅即可。

❹　取一片饺子皮，将肉馅放在上面，沿着长的方向放成一条。

❺　在饺子皮边上抹上水，将饺子皮边缘捏实，两端不要封口。

❻　平底锅倒入少许油，包好的锅贴直接码在平底锅中。

❼　锅贴码满锅底后，开中火加热平底锅。煎到锅贴底面略金黄后放入两汤匙清水。盖锅盖焖煎。

❽　锅内汤汁收干后再放 2 汤匙清水，水烧干后即可出锅。金黄一面朝上装盘。

清晨的盛宴

干炒牛河

烹饪时间 40 min
难易程度 中

特色

周末时间充裕，赖床了还能来一顿早午餐，何不做点儿好吃的给自己。牛河软软的很好消化，牛柳滑嫩，切薄一些，对于刚刚苏醒的肠胃也不会造成负担。

主料	沙河粉 150 克	牛里脊肉 150 克
	绿豆芽 80 克	洋葱 1/2 个
	鸡蛋 1 个	

辅料		
香葱 2 棵	淀粉 2 茶匙	
料酒 1 汤匙	生抽 2 汤匙	
老抽 2 茶匙	绵白糖 1 茶匙	
盐适量	油适量	熟白芝麻 1 茶匙

做法

❶ 牛里脊肉冲洗干净后切成约2毫米厚的肉片，要垂直于肉的纹理切。

❷ 肉片中加入料酒、少许生抽、老抽和淀粉，放一个蛋清，抓拌均匀，放入冰箱冷藏腌制。

❸ 绿豆芽剪去豆子，洗净，沥干。洋葱去根去老皮，切粗丝。香葱取葱绿部分，切段。

❹ 河粉冷水下锅，水沸腾后煮约3分钟，煮到河粉略发白即捞出，冲洗干净，沥干。

❺ 中火加热炒锅，锅中放适量油，六成热时下入牛肉片，滑炒到基本变色，捞出。

❻ 锅中放入2汤匙油，下洋葱条和豆芽，翻炒到断生。

❼ 放入煮好的河粉和牛肉片，调入生抽、老抽、盐和白糖，用筷子拌炒均匀。

❽ 放入香葱段和白芝麻，拌匀即可出锅。

烹饪秘笈

腌制牛肉的时候加入蛋清和淀粉，可以让牛肉更滑嫩，腌的时间长一点没关系，盖上保鲜膜，放进冰箱里。河粉煮的时间不要过长，变白了就捞出来，煮太软了炒的过程中容易断。

营养贴士

牛肉富含蛋白质，且脂肪含量低，有补中益气、强筋壮骨的作用。河粉富含碳水化合物，且易于消化，能迅速为身体提供能量。

第二章

新派心意
——西式早餐

自制快餐

鸡排堡

烹饪时间 20 min
难易程度 低

特色

鸡排，炸好之后金黄酥脆，"咔哧咔哧"嚼起来很是过瘾。早餐时候炸一块速冻鸡排，省时省力，并且富含蛋白质，夹在面包里，美味营养全满分。

主料	汉堡坯 2 个	速冻鸡排 2 块

辅料	生菜 2 片	沙拉酱 2 汤匙
	番茄酱 2 汤匙	油 1 汤匙

做法

❶ 生菜冲洗干净，沥干水分，撕成小片备用。

❷ 开小火，平底锅放少量油，同时放入两块鸡排煎炸。

❸ 待鸡排一面煎成浅金黄色，翻面继续煎成同样的金黄色。

❹ 平底锅中加入2汤匙清水，加盖焖。加水焖煎，可使鸡排受热均匀，彻底熟透。

❺ 锅中水收干后，打开锅盖，将鸡排煎成一面酥脆后，翻面继续煎至两面酥脆，出锅。

❻ 汉堡坯剖开，放在平底锅上小火加热1分钟。

❼ 取一片汉堡坯，放一块鸡排，加上沙拉酱。

❽ 沙拉酱上覆盖生菜片，加番茄酱，用生菜将两种酱料隔开，可以使汉堡的味道更有层次。盖上另一半汉堡坯，即组装完成。

烹饪秘笈

与炸相比，煎更适于家庭操作，但是不易熟透，加水焖煎可以弥补。水量的多少取决于食材的大小，可以反复多次加水直到食材熟透。锅中有油，加水易飞溅，操作时应小心避免烫伤。

营养贴士

鸡肉除了鸡皮之外大部分都是瘦肉，不用担心吃了以后发胖的问题。番茄酱含有番茄红素，这是一种抗氧化成分，能清除人体内的自由基，防癌抗衰老。

软嫩甜蜜
紫薯香蕉卷

| 烹饪时间 | 20 min |
| 难易程度 | 高 |

特色

早晨吃点儿甜的东西，除了提供热量，还能唤醒你那颗还在沉睡的心。不太喜欢紫薯味道吗？加上炼乳试试看，卷上香蕉，从里到外都那么软嫩甜蜜。

主料

紫薯 100 克　　吐司面包 2 片
香蕉 1 根

辅料

炼乳 2 茶匙
_____
牛奶 1 汤匙

烹饪秘笈

蒸紫薯的时候会出汤，将其放入碗中，可保持营养不流失，蒸锅也更易清理。如果吐司片比较干，可以在蒸紫薯后将吐司片放入锅中，利用蒸锅中残余的水汽使吐司片变软变湿润，卷的时候不易断裂。

做法

❶ 紫薯洗净去皮，切成小块，放入碗中。

❷ 蒸锅上汽，放入装紫薯的碗，大火蒸15~20分钟后取出。

❸ 将吐司片切掉四边。香蕉去皮，对半剖开成两条。

❹ 将紫薯用勺子压成泥，加入牛奶和炼乳，搅拌均匀。

❺ 将吐司取出，用擀面杖压扁，增加吐司的韧性。

❻ 取一片吐司，均匀涂上一半的紫薯泥。另外一片照做。

❼ 紫薯泥上放半条香蕉，将紫薯片卷起压实，用刀将紫薯卷斜切开即可。

特色

表层焦脆，内心软滑，还有酥脆的坚果提供丰富的口感。这样的点心作为早餐，一定能满足你的味蕾。

主料

吐司 3 片	鸡蛋 1 个
牛奶 100 毫升	

辅料

绵白糖 1 汤匙

葡萄干 1 汤匙

巴旦木仁 10 粒

烹饪秘笈

加入巴旦木仁，在增加营养的同时使布丁的口感更丰富，替换成碧根果、开心果、核桃等任意坚果仁都可以。每台烤箱的温度不尽相同，烘烤温度应根据自家烤箱的实际情况调整，烘烤过程中注意观察，以免烤焦。

甜蜜的幻想

吐司布丁

烹饪时间	25 min
难易程度	高

做法

❶ 吐司切成小块，巴旦木仁切成小粒待用。

❷ 烤箱预热160℃，鸡蛋磕入碗中打散。

❸ 蛋液中加白糖和牛奶，充分搅拌均匀至白糖溶解，成蛋奶液。

❹ 取一耐热烤碗，在碗底铺上一层吐司块。

❺ 撒上一半的葡萄干和巴旦木仁，倒入三分之一蛋奶液。

❻ 放入剩余吐司块，撒上余下的葡萄干和巴旦木仁。

❼ 将剩余的蛋奶液倒入，轻压吐司块，使其充分吸收蛋奶液。

❽ 将烤碗放入预热好的烤箱，烘烤约20分钟，表层的吐司块略成金黄色即可。

奶香小甜点

奶酪鸡蛋卷

| 烹饪时间 | 20 min |
| 难易程度 | 高 |

特色

勺子戳下去，金黄的切面露出来。这货是我们常吃的鸡蛋？！稍稍改变一下料理方式，给蛋一个展现自我的全新机会！

主料	鸡蛋 3 个	胡萝卜 1/2 根
	火腿肠 1 根	奶酪片 2 片

辅料

牛奶 3 汤匙

盐 1/2 茶匙

油适量

做法

❶ 胡萝卜洗净去皮，切成细丝。加油将胡萝卜丝炒软待用。

❷ 火腿肠切成细条。奶酪片切条待用。

❸ 鸡蛋磕入碗中，加入盐、牛奶打散。牛奶的加入可以使蛋液更顺滑，煎出的鸡蛋卷更滑嫩。

❹ 小火加热平底锅，放入少许油抹匀，锅热后倒入蛋液。

❺ 晃动锅使蛋液沾满锅底，蛋液略凝固后放入胡萝卜丝、火腿条和奶酪条。

❻ 从平底锅的一端开始折叠蛋饼，折叠的宽度大约6厘米，逐渐将蛋饼卷成一条。

❼ 卷好的蛋饼出锅，切成大段即可。

化繁为简的美食
吐司比萨

烹饪时间	25 min
难易程度	低

特色

比萨好吃，和面却太麻烦，想简单一点，吐司君来帮助。烘烤过的吐司会恢复刚出锅的松软，上面还顶着丰富的馅料，简单的操作带来丰富的味觉体验。

主料

吐司2片	培根2片
青椒1/2个	玉米粒1汤匙
口蘑2个	

辅料

番茄酱2汤匙

马苏里拉奶酪丝60克

烹饪秘笈

尽量选择厚一点的吐司片做吐司比萨，才能达到外脆内软的口感，选择原味或者带咸味的效果更好。做比萨的蔬菜不要切得太碎，否则烤过会失去水分，比较干。

做法

❶ 培根切成宽条；青椒去蒂、去子，切细条；口蘑去蒂切片。

❷ 烤箱预热150℃。烤箱托盘取出，两片面包平放在烤箱托盘上。

❸ 分别在两片面包片上涂匀番茄酱。

❹ 取一半的奶酪丝，均匀撒在两片面包上。

❺ 将青椒条、口蘑片、玉米粒铺在奶酪上。

❻ 撒上培根条，最上面再铺一层奶酪。

❼ 将烤盘放入预热好的烤箱中，烘烤约15分钟，直到表面的奶酪略微变焦即可。

特色

看看配料，是不是很像"田园脆鸡堡"？口味清淡营养丰富，尤其适合小孩子。周末的时候多做几块肉饼冻起来，即使在忙碌的早晨也能吃上营养均衡又美味的早餐。

主料

鸡大胸 1 块	鸡蛋清 1 个
玉米粒 2 茶匙	豌豆 2 茶匙
胡萝卜丁 2 茶匙	汉堡坯 3 个

辅料

黑胡椒粉 1 茶匙	沙拉酱适量
盐 2 茶匙	番茄酱适量
料酒 2 茶匙	油适量
生菜丝适量	

烹饪秘笈

鸡肉饼里的蔬菜丁可以直接用速冻的混合蔬菜丁，做好的鸡肉饼用保鲜袋装好可以冷冻保存 1 个月，一次多做一些，吃的时候直接煎，但是冷冻过更不易煎熟，保持小火多煎一会儿。

田园汉堡

蔬菜鸡肉汉堡

烹饪时间	35 min
难易程度	高

做法

❶ 鸡大胸肉去掉表面的白膜，剁成细蓉待用。

❷ 鸡肉蓉中加入黑胡椒粉、盐和料酒，搅拌均匀。

❸ 加入蛋清，搅打至蛋清与鸡肉完全融合，上劲儿发黏。

❹ 加入玉米粒、豌豆和胡萝卜丁，搅匀到蔬菜丁均匀分布在肉泥里。

❺ 将鸡肉泥平均分成三份，揉成肉丸子，用手掌压成肉饼。

❻ 平底锅放少量油，中火将鸡肉饼煎至熟。

❼ 将汉堡坯下面那片放在砧板上，放上煎好的鸡肉饼和生菜丝。

❽ 挤上适量的番茄酱和沙拉酱，盖上另一片汉堡坯即可。

缤纷的营养

考伯沙拉

烹饪时间 30 min
难易程度 低

特色

很多人叫它彩虹沙拉。在这个拼颜值的时代，食物也是好看的更有吸引力。各种颜色鲜艳的新鲜蔬菜摆在一起，满满一大碗，给人丰盈的满足感。反正是做给自己吃，蔬菜随你喜好选择。

主料		
奶油生菜 2 棵	紫皮洋葱 1/4 个	
西红柿 1 个	培根 3 片	
鸡胸肉 1 块	白煮蛋 1 个	
牛油果 1/2 个	螺旋意面 50 克	

辅料	
沙拉酱适量	油少许
黑胡椒粉适量	柠檬半个
盐适量	

做法

❶ 鸡胸肉提前用黑胡椒和盐涂抹均匀，腌制2小时以上。

❷ 腌好的鸡胸肉放入平底锅，加少许油，小火煎熟，放凉后切成丁待用。

❸ 培根切成小方片，煎到边缘微焦后盛出放凉。意面煮熟后沥干，晾凉。

❹ 奶油生菜切掉根，冲洗干净后沥干，撕成一口大小的片。

❺ 西红柿洗净，去蒂，切成小方块。白煮蛋去壳，切小块。洋葱去老皮，切小方片。

❻ 牛油果去核、去皮，切成丁。挤入少许柠檬汁略翻拌，防止牛油果氧化变黑。

❼ 奶油生菜放在大碗中，表面铺平。上面撒一层意面。

❽ 按照颜色深浅，把前面准备好的食材一行一行地码在意面上。吃之前淋上沙拉酱即可。

秘制土豆

黑椒土豆泥

| 烹饪时间 | 20 min |
| 难易程度 | 中 |

特色

你一定吃过"鸡汁土豆泥"，其实里面并没有鸡汁。照着这个配方试试看，根据自家人的口味调整配料的比例，自己做料汁，你会做出你家的秘制土豆泥哦。

主料

| 土豆 300 克 | 奶酪片 1 片 |

辅料

蚝油 1 汤匙	淀粉 1 茶匙
黄油 5 克	水 50 毫升
黑胡椒粉 1/2 茶匙	牛奶适量

烹饪秘笈

奶酪片可以增加土豆泥的风味，是否添加依照个人喜好。奶酪片切粒的时候容易粘连在一起，切好之后加点面粉，轻轻搓开，再拌入土豆泥的时候就容易分散开了。

做法

❶ 土豆去皮，冲洗干净后切成厚片，上锅蒸熟。奶酪片切成小粒。

❷ 蒸熟的土豆片放入保鲜袋，用擀面杖压成土豆泥。

❸ 土豆泥中加入适量牛奶，搅拌均匀到土豆泥湿润，但是仍可成形。

❹ 加入奶酪粒，搅拌到奶酪粒均匀分布到土豆泥中。

❺ 取一个小碗，用水冲湿。将土豆泥放入，略压实，再扣出来到另一个容器中，成为球状。

❻ 将蚝油、黑胡椒粉、黄油、淀粉和水加入到小锅中，加热到沸腾、变浓稠后关火。

❼ 趁热将煮好的黑椒汁倒在土豆泥上即可。

特色

习惯了用意面做主食吗？其实它还可以做沙拉。加上各种蔬菜，淋上自己喜欢的酱汁，拌一拌就好。甚至可以不加酱汁，增加蔬菜的比例，就变成一顿健康减肥早餐喽。

主料

螺旋意面 100 克　黄瓜 1 根
金枪鱼罐头 1 罐　胡萝卜 1/2 根
熟玉米粒 150 克

辅料

沙拉酱 5 汤匙	黑胡椒粉适量
白砂糖 1/2 茶匙	盐适量

烹饪秘笈

日式沙拉中的黄瓜通常都切成非常薄的圆片，对刀工是个考验，可以借助能擦出薄片的擦丝器。黄瓜一定要杀出水分，并且所有材料都要放凉，否则拌好的沙拉会出很多汤。如果有奶酪粉，加 1 汤匙到沙拉中会更美味。

健康减肥餐
日式金枪鱼意面沙拉

烹饪时间　20 min
难易程度　低

做法

❶ 胡萝卜切成小粒，加少许油炒到略软，放凉。注意别炒煳了，略变色即可。

❷ 黄瓜洗净，去头去尾，切成小于 1 毫米厚的圆薄片。

❸ 黄瓜放入盆中，放少许盐，搅拌均匀，腌 15 分钟以上，杀出水分后充分沥干。

❹ 玉米粒和金枪鱼从罐中捞出来，放在滤网上，沥干待用。

❺ 意面放到沸水中煮熟，捞出沥干、晾凉。

❻ 所有材料放入盆中，将大块的金枪鱼压碎，搅拌均匀即可。

鲜虾芦笋白汁意面

喜欢奶香味的人一定会喜欢白汁意面，浓厚绵密的白汁和海鲜特别配。芦笋作为西餐中的常客，只需几根，就能让简单的家庭料理看起来同样高大上。

烹饪时间	35 min
难易程度	高

主料	长条意面 100 克　白虾 300 克
	芦笋 100 克　　　牛奶 200 毫升
	黄油 20 克　　　　面粉 20 克

辅料	白兰地 1 汤匙	黑胡椒粉 1/2 茶匙
	盐 2 茶匙	豆蔻粉 1/2 茶匙
	油适量	

做法

❶ 芦笋冲洗干净，切去老根，斜刀切成约3厘米的小段。

❷ 白虾开背，挑去虾线，剥成虾仁，用白兰地抓匀，腌10分钟以上。

❸ 意面放入沸水中煮熟，煮到略微有些硬心为好。

❹ 开小火加热炒锅，锅热后放入黄油，小火融化。

❺ 放入面粉，炒至没有干粉后加入牛奶炒匀。

❻ 加入黑胡椒粉、盐、豆蔻粉，炒到汤汁变得浓稠即可关火，将白汁盛出。

❼ 将锅洗干净，中火加热，锅热后放入少量油，放腌好的虾仁和芦笋，炒到虾仁卷曲变色。

❽ 放入意面，加入适量的白汁，炒匀即可出锅。

烹饪秘笈

吃不完的白汁可以在冷却之后放入冰箱，密封保存并尽快吃完。芦笋根部很老，可以用菜刀在根部试着切，感觉到刀没有太大阻力的时候，剩下的就是芦笋很嫩可以食用的部分。

营养贴士

虾富含蛋白质，且肉质细嫩，易于消化吸收。芦笋是低糖、低脂肪、高膳食纤维的食物，其中含有丰富的维生素和矿物质，具有防癌抗癌的功效。

华丽变身

山药吐司卷

烹饪时间 30 min

难易程度 中

特色

吃山药好处多多，但是早餐吃，无外乎切碎了熬粥，味道清淡缺少变化。将山药变成原料的一部分，多加些味道进去，平淡朴素的山药就能变成精致的小甜点。

主料

山药 250 克　　吐司片适量

鸡蛋 2 个

辅料

炼乳 3 汤匙

牛奶适量

白芝麻适量

油适量

烹饪秘笈

牛奶加入山药泥，主要作用是调节山药泥的湿润度，如果加过炼乳已经足够湿润，也可以省略牛奶。生山药的黏液对皮肤有刺激性，去皮的时候最好戴手套。

做法

❶ 山药去皮，切成大段，放入蒸锅蒸熟。

❷ 蒸好的山药取出，压成泥，加入炼乳、牛奶，搅拌均匀。

❸ 吐司片切去四边，用擀面杖将吐司片压扁，压薄。

❹ 在吐司片上涂上一层山药泥，将吐司片卷起来，捏实。不要太用力，不散开就好。

❺ 锅中放适量油，中火加热。鸡蛋打散成蛋液。

❻ 卷好的山药吐司卷在蛋液里滚一下，两端在白芝麻里蘸一下。

❼ 蘸好蛋液和白芝麻的吐司卷放入锅中煎炸到通体金黄即可出锅。

特色

早餐吃意面，很奢侈对吧？可是早上时间充裕的时候，为什么不对自己好一点呢？悠然自得地准备一顿像正餐的早点，又不用担心热量摄入过高，真正体会一次"王者般的待遇"！

女王御食
黑椒牛柳通心粉

烹饪时间	30 min
难易程度	中

主料

通心粉 200 克	牛柳 150 克
红椒 1/2 个	黄椒 1/2 个
洋葱 1/2 个	

辅料

生抽 1 汤匙	盐 2 茶匙
老抽 1 茶匙	鸡精 1 茶匙
料酒 1 汤匙	淀粉少许
白酒 1 汤匙	油适量
黑胡椒碎 1 茶匙	

烹饪秘笈

炒菜的时候，食材的形状要相互匹配。例如：如果是炒通心粉或者螺旋意面，那蔬菜和肉类切成宽条比较漂亮。但是如果炒的是长条形意面，蔬菜和肉类与之相配地切成粗丝则更好。

做法

❶ 牛柳切条，加少许盐、料酒和淀粉，用手抓匀，腌制20分钟。

❷ 红椒、黄椒去蒂、去子，切成宽条。洋葱切条。

❸ 通心粉放入开水锅中煮到略有硬心，捞出沥干水分。拌入少许食用油防粘。

❹ 炒锅中放少许油，油六成热时下牛柳滑炒到变色，捞出。

❺ 锅中留底油，下红椒、黄椒和洋葱，翻炒到蔬菜发亮有油光。

❻ 下通心粉和牛柳，加入生抽、老抽、白酒、盐、鸡精和黑胡椒碎，翻炒到通心粉均匀上色即可。

创意小改良

照烧鸡腿米汉堡

烹饪时间 35 min
难易程度 高

特色

米汉堡起源于日本，将传统汉堡的面包替换成米饭饼，口感类似于饭团，是一种中西结合的食物。两片米饼之间除了夹传统的西式汉堡肉饼，夹上鸡腿肉或者烤肉也很对味。

主料	琵琶腿 2 个	米饭 2 碗

辅料

白胡椒粉 1/2 茶匙	盐 1/2 茶匙
料酒 1 汤匙	米酒 4 汤匙
生抽 3 汤匙	蜂蜜 1 汤匙
生菜适量	黑芝麻适量
油适量	

做法

❶ 琵琶腿去骨，展平成一片。用牙签在鸡皮上扎一些小孔，方便入味。

❷ 用白胡椒粉、盐和料酒抓揉鸡腿肉，腌半小时。

❸ 小饭碗里放一张大一些的保鲜膜，碗底撒少许黑芝麻。

❹ 放半碗米饭，勺子蘸水，用勺背将米饭压实成米饼。一共做好4个米饼。

❺ 中火加热平底锅，放少许油，油热后皮朝下放入腌好的鸡腿。

❻ 煎至鸡皮出油微焦后，翻面煎到两面金黄。

❼ 将米酒、生抽、蜂蜜和少量水放入锅中，加盖小火焖煮2分钟，然后大火收干汤汁。

❽ 在一块米饼上放适量生菜，放一块鸡腿肉，盖上另一块米饼即可。

千层的思念

法风烧饼

| 烹饪时间 | 15 min |
| 难易程度 | 低 |

特色

某快餐店把我们的烧饼夹肠变洋气了，烧饼换成了酥松的千层烧饼，里面夹的香肠也替换成了熏肉、培根，口感和味道果然不一样。自己做做看，看还能夹什么进去。

主料

印度飞饼 1 张　　鸡蛋 1 个
培根 1 片

辅料

生菜适量	盐 少许
白芝麻适量	黑胡椒 少许
沙拉酱 2 茶匙	

烹饪秘笈

煎培根会出油，如果使用不粘锅，煎过培根不用再额外放油，直接煎蛋就可以。如果是普通平底锅，还是要添加少许油，以免粘锅。烤飞饼的时候温度一定不能低，否则飞饼上不了色，白白的很难看。

做法

❶ 烤箱预热180℃。印度飞饼对半切开成两块，放在烤盘上。

❷ 鸡蛋磕入碗中，蘸少许蛋液涂在飞饼表面，撒上白芝麻。

❸ 放入预热好的烤箱，烘烤10分钟，烤到飞饼变厚，鼓起来。

❹ 中火加热平底锅，锅热后放入对半切开成两段的培根煎至微焦后盛出。

❺ 鸡蛋倒入平底锅，将蛋黄戳破，撒少许盐、黑胡椒，两面煎熟后盛出。

❻ 将生菜、培根和煎蛋摆起来放在一片飞饼上。

❼ 挤上少许沙拉酱，盖上另一片飞饼即可。

特色

想吃奶油就一定要烤个蛋糕吗？哪有那么麻烦，有吐司就好啦。香滑绵密的奶油，配上色彩艳丽的新鲜水果，奶香混合着果香，放入口中的时候会忍不住嘴角微微上扬。

主料

吐司面包 6 片	猕猴桃 1 个
稀奶油 100 毫升	火龙果 1 个
黄桃 2 块	

辅料

细砂糖 1 汤匙

烹饪秘笈

要尽量选择像木瓜、香蕉、火龙果这类柔软的水果做奶油水果三明治。面包上涂的奶油层不可以太薄，压实的时候要让奶油渗入到水果缝隙中，切出来的截面才会充实好看。另外，冷藏可以让打发的奶油硬度增加，切的过程中才不会挤出来。

水果开会
奶油水果三明治

烹饪时间	20 min
难易程度	低

做法

❶ 火龙果去皮切片。猕猴桃去皮，切厚片。黄桃切成粗条。

❷ 稀奶油中加入细砂糖，用电动打蛋器打发。关掉打蛋器，打蛋器在奶油上划过，能留下清晰纹路即可。

❸ 吐司片上涂上一层奶油，从边缘开始，交替码上三种水果块，将吐司片铺满。

❹ 盖上另一片涂了奶油的吐司片，用手掌轻轻将两片面包压实。

❺ 将组装好的水果三明治用保鲜膜包好，放入冰箱中冷藏30分钟以上。

❻ 冷藏后的三明治取出，去掉保鲜膜，用快刀切掉边缘，对半切开成两块即可装盘。

凯撒大帝

烹饪时间	25 min
难易程度	低

特色

凯撒大帝好吃主要是因为含有大量的沙拉酱，再加上焦香的培根，爽脆的圆白菜和面包丁，吃上一个真是实实在在。不过热量可不小，吃饱之后一上午可要好好工作消耗热量呀。

主料	法棍面包 1/2 根　面包边 8 根
	圆白菜适量　　　培根 3 条

辅料	酸黄瓜 2 根	马苏里拉奶酪碎 60 克
	沙拉酱 50 克	大蒜 3 瓣
	黑胡椒粉 1/2 茶匙	

做法

❶ 法棍面包斜刀切成尽量长的厚片，厚度约1厘米。面包边切成小块。

❷ 圆白菜切去大梗不要，冲洗干净后切成短粗条。酸黄瓜切成小短条。大蒜去皮切末。

❸ 培根切成约1厘米宽的短条。入平底锅煎到边缘微焦后捞出，晾凉。

❹ 培根、圆白菜、酸黄瓜和面包边放入盆中，加入蒜末和黑胡椒粉，搅拌均匀。

❺ 加入沙拉酱，充分搅匀。沙拉酱要多放，但又不能太多，整体粘在一起但没有流动性最好。

❻ 将调好的圆白菜面包馅放在法棍切片上，堆成小山状。

❼ 组装好的面包表面撒上一层马苏里拉奶酪碎，排入烤盘。烤箱上下火，预热160℃。

❽ 烤盘放入烤箱，烘烤约15分钟，烤到奶酪微焦即可。

烹饪秘笈

这款早餐比较腻，加入酸黄瓜可以调整口味，所以酸黄瓜不能切得太碎。菜谱里提供的是基础配方，换成自己喜欢的任何材料都可以。法棍最好不要换，因为法棍比较硬，支撑性强，吃的时候不容易断掉。

营养贴士

奶酪是浓缩的牛奶精华，营养价值极高，富含蛋白质、钙、磷等多种营养素。面包及圆白菜则补充了碳水化合物和维生素，使这款早餐满足你一上午的营养需要。

精巧小伪装

早餐鸡蛋杯

| 烹饪时间 | 30 min |
| 难易程度 | 低 |

特色

少油少盐，营养均衡，做成一个一个小小的可爱早餐，放在冰箱里可以冷藏两三天。早晨装上两个，到公司加热一下，再配上一杯牛奶或咖啡，健康美味又方便。

主料	鸡蛋 4 个	西蓝花 50 克
	红椒 1/2 个	玉米粒 2 汤匙
	培根 2 条	奶酪片 3 片　吐司 1 片

辅料

黑胡椒 1/2 茶匙

盐 1/2 茶匙

做法

❶ 西蓝花冲洗干净，切成小朵。红椒去蒂、去根，切成丁。培根切成小片。

❷ 吐司切成小方块，奶酪片切成大块。如果有时间，吐司丁可以预烤到酥脆，口感更好。

❸ 鸡蛋打散，加入黑胡椒和盐，搅拌均匀。西蓝花、红椒、玉米粒、培根和吐司块拌匀。

❹ 蛋糕用纸杯放进模具或烤盘。烤箱预热180℃。

❺ 搅拌均匀的蔬菜均匀分配在六个纸杯中。蛋液浇在蔬菜上，液面略低于纸杯上沿以防溢出。

❻ 预热完成后将纸杯放进烤箱，烘烤15分钟。

❼ 取出纸杯，在鸡蛋杯表面盖上奶酪片。

❽ 重新放入烤箱。继续烘烤约5分钟，烤到奶酪片融化即可出锅。

烹饪秘笈

奶酪片覆盖在鸡蛋杯表面，除了可以增加营养，提升美味，也能给鸡蛋"保湿"，使得鸡蛋在烘烤过程中表面不会变干变硬。除了在蔬菜中放打散的蛋液，也可以直接磕进一颗鸡蛋，蛋黄最好戳破，更易烤透。

营养贴士

鸡蛋富含蛋白质，其氨基酸组成最符合人体需要，且吸收利用率高。西蓝花则富含维生素C，且矿物质成分较为全面，营养价值很高。

印度经典美食

咖喱饭

烹饪时间 40 min

难易程度 低

特色

咖喱饭虽然被认为热量比较高，其实选材还是很健康的，蔬菜、肉类、淀粉都有了，自己做还能增加蔬菜的比例，担心热量高，咖喱块就少放些，保留营养，降低热量。

主料	熟米饭适量	胡萝卜1根
	土豆1个	洋葱1个
	鸡胸肉1块	

辅料	咖喱块3块	淀粉适量
	盐1/2茶匙	油适量
	黑胡椒适量	

做法

❶ 鸡胸肉切块，加适量盐、黑胡椒、淀粉抓匀，腌制一会儿。提前腌制给鸡肉加个底味，且能令鸡肉滑嫩。

❷ 土豆、胡萝卜去皮，切滚刀块，土豆浸泡在水中，防止氧化。洋葱去根去老皮，切大块。

❸ 中火加热炒锅，锅中放适量油，烧至六成热时下鸡肉，翻炒到鸡肉变色。

❹ 下胡萝卜，翻炒半分钟，直到胡萝卜表面泛油光。

❺ 放入一半的洋葱，翻炒均匀。加入清水盖过蔬菜，大火烧开后转中火煮15分钟。

❻ 放入土豆块和另一半洋葱，保持中火继续煮15分钟。土豆比胡萝卜易烂，要比胡萝卜晚一些放。

❼ 放入咖喱块，保持中小火煮到咖喱块溶化，汤汁浓稠即可。中间要勤搅拌，防止粘底。最后搭配米饭即可。

烹饪秘笈

如果担心早上时间不够，又想吃到"现做"的咖喱饭，有个小窍门。前一天晚上把放咖喱块之前的步骤都做好，盖锅盖，关火，让食材自然冷却。第二天早上重新开火，加上咖喱块煮到浓稠即可。

营养贴士

咖喱可以促进新陈代谢，促进消化，让你吃着饭减肥，不用忍受节食之苦。悄悄告诉你，咖喱还有抑制癌细胞，促进伤口俞合的功能哦。

爱的告白

日式蛋包饭

烹饪时间 25 min
难易程度 中

特色

日剧里面男女主角要给爱人做饭的时候，蛋包饭的出镜率特别高。为啥嘞？操作简单，成品又好看，还能用番茄酱在蛋皮上写字！来吧，自己动动手，来个爱的告白。

主料	米饭 1 碗	鸡腿 1 个	洋葱 1/4 个
	鸡蛋 2 个	番茄酱 2 汤匙	
	口蘑 4 个	玉米粒 50 克	

辅料	牛奶 2 汤匙	鸡精 1 茶匙
	黑胡椒粉 1/4 茶匙	盐适量
	白酒 1 汤匙	油适量

做法

❶ 鸡腿去骨切丁，加入白酒抓匀，腌 15 分钟去腥。洋葱切成小丁。口蘑去蒂，切片。

❷ 中火加热平底炒锅，锅热后放入少量油，下鸡丁炒散。

❸ 放入洋葱丁、口蘑片、玉米粒炒熟。加入米饭炒散。

❹ 加入黑胡椒粉、盐、鸡精和番茄酱，拌炒均匀后盛出。

❺ 鸡蛋加入牛奶打散。炒锅洗干净，中火加热，放入适量油。

❻ 油温热后倒入蛋液，转动锅使蛋液摊成均匀的蛋饼。油温不要太热，蛋皮煎成金黄色最好。

❼ 蛋液定形后关火，将炒饭放在蛋皮中央，用铲子整形成饺子状。

❽ 将蛋皮两边向中间折叠将米饭包起来，扣在盘中，在蛋皮表面挤上适量番茄酱即可。

甜糯小生

奶油可乐饼

| 烹饪时间 | 50 min |
| 难易程度 | 高 |

特色

可乐饼是日语コロッケ的音译，其实就是土豆泥做的饼。炸好之后外皮酥脆内心柔软，热乎乎香喷喷，淋上番茄酱、烤肉酱或是沙拉酱，搭配清口的新鲜细圆白菜丝，开动吧。

主料	牛肉末 150 克	土豆 500 克
	洋葱 1/2 个	圆白菜 1/4 个

辅料	面包糠适量	鸡蛋 2 个
	面粉适量	生抽 2 汤匙
	绵白糖 2 汤匙	淡奶油 50 毫升
	盐 1 茶匙	油适量

做法

❶ 土豆去皮，切厚片，蒸熟后取出，晾到不烫手。洋葱去老皮，切成小粒。

❷ 中火加热平底锅，锅中放少许油，放入牛肉末，翻炒到肉末发白。

❸ 放入盐、生抽和白糖，再放入洋葱，煸炒到肉末微焦，水分收干，锅里只剩下油脂后盛出。

❹ 土豆碾压成泥，加入炒好的洋葱牛肉末，放入淡奶油，搅拌均匀。

❺ 挖一团拌好的土豆泥，用手掌压成厚圆饼状。鸡蛋打散成蛋液。面粉、面包糠分别放在两个盘子里。

❻ 圆白菜去掉大梗，切成很细的丝，用手抓散乱后摆在盘子的一侧。中火加热炒锅，锅中多放油。

❼ 土豆饼在面粉、蛋液、面包糠里按顺序裹一次。

❽ 裹好的土豆饼放入油锅中，炸到两面金黄后捞出，放在装圆白菜丝的盘子里即可。

"" 至宝

蛋包奶酪堡

| 烹饪时间 | 20 min |
| 难易程度 | 中 |

特色

同样一颗鸡蛋，用不同的方法烹调，口感完全不同。摊成蛋皮，利用蛋的温暖，去软化奶香扑鼻的奶酪，味道相互融合，口感达到前所未有的厚实，你一定会爱上这种黏腻的幸福感。

主料	汉堡坯1个	奶酪片1片
	午餐肉2片	鸡蛋2个

辅料	青椒适量	沙拉酱2茶匙
	牛奶2汤匙	油适量

做法

❶ 鸡蛋打散，加入牛奶，搅拌均匀。青椒去子，切成圈。切青椒要将表皮切断，以免不好咬。

❷ 中火加热平底锅，手掌放到锅上，感觉到很热的时候涂上薄薄一层油。

❸ 倒入蛋液，转动锅，使蛋液流满锅底，成为均匀的蛋饼。

❹ 蛋饼彻底凝固后关火，将锅移开火源。奶酪片放在蛋皮正中央。

❺ 折叠蛋皮，将奶酪片整个包起来，取出。

❻ 重新点火，保持小火，不放油将汉堡坯加热一下，烤到温热后取出。

❼ 放少许油，煎午餐肉，表面略金黄即可。

❽ 将全部材料按照汉堡坯、奶酪蛋包、午餐肉、青椒圈，淋适量沙拉酱，另一片汉堡坯的顺序组装起来。

可爱又美味

小胖子饭团

烹饪时间 25 min
难易程度 中

主料	肥牛片 50 克	米饭 1/2 碗
	寿司海苔 1 片	青椒 1/4 个
	洋葱适量	

辅料	沙拉酱适量	黑胡椒粉适量
	料酒 2 茶匙	生抽 1 茶匙
	盐 1 茶匙	绵白糖 1/2 茶匙
	淀粉 1/2 茶匙	熟白芝麻适量
	油少许	

做法

❶ 肥牛片解冻，加入黑胡椒粉、料酒、生抽、盐、白糖和淀粉，抓拌均匀，腌制一会儿。

❷ 青椒去蒂、去子，切成长条。洋葱切长条。洋葱尽量选嫩的部分，切的时候切断纤维。

❸ 中火加热平底锅，锅中放少许油，八成热时放入肥牛片，快速滑炒到变色即关火，不要盛出来。

❹ 海苔平放，光滑一面朝下。取一半米饭平铺在海苔中央，面积约为手掌大小，略压平。

❺ 在米饭上挤上沙拉酱，撒上熟白芝麻。

❻ 将炒好的肥牛片放在米饭上，摊开，锅里的汤汁不要倒进去，以免饭团变湿。

❼ 在肥牛上放上青椒条和洋葱条，盖上另一半米饭。

❽ 海苔每两个相对的角交叠，将饭团包成方形，包紧。用保鲜膜将饭团裹紧，再从中间一切为二即可。

烹饪秘笈

肥牛片炒好之后不要从锅里盛出来，关火即可，利用锅的余温给肥牛保温。虽然有保鲜膜帮助，但是紫菜面积有限，饭团里还是不要放太多东西，包起来如果露出白色的米饭就不好看了。

营养贴士

海苔是烤熟的紫菜，浓缩了紫菜中的多种营养，特别是硒和碘的含量十分丰富，有利于儿童生长发育，对老年人延缓衰老也有帮助。饭团中的肥牛、蔬菜等，又为这些款早餐补充了蛋白质和维生素，使营养更全面。

早安西点

热香饼

烹饪时间 20 min
难易程度 中

特色

热香饼、松饼、铜锣烧的外皮，说的都是它。这东西在西餐厅卖得挺贵，其实操作起来非常简单，通常都做成甜的，至于搭配什么水果和酱料，看你喜欢喽。

主料	面粉 120 克	鸡蛋 1 个
	白砂糖 2 汤匙	牛奶 80 毫升
	黄油 45 克	

辅料	盐 1/2 茶匙
	泡打粉 1 茶匙
	蜂蜜适量

做法

❶ 将鸡蛋磕入大碗中，用打蛋器将鸡蛋打散到蛋液略起泡。将30克黄油融化待用。

❷ 加入白砂糖搅拌到充分溶解，缓缓加入牛奶和融化的黄油，边加入边搅拌，充分搅匀。

❸ 加入面粉、盐、泡打粉，搅拌成均匀的面糊。

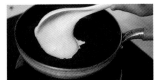

❹ 中火加热不粘平底锅，锅热后放入一饭勺面糊，晃动锅，借助铲子使面糊摊成圆形。

❺ 转小火，盖上锅盖，焖两三分钟。

❻ 打开锅盖，这时饼体会膨胀。继续煎约30秒。

❼ 饼体表面产生气泡时用铲子翻面。继续煎1分钟即可出锅，装盘。

❽ 趁热在饼表面放剩下的一小块黄油，淋少许蜂蜜即可。

和风美食

金枪鱼手卷寿司

| 烹饪时间 | 20 min |
| 难易程度 | 中 |

特色

与米饭上顶着一片肉的"握寿司"相比，手卷寿司对技术的要求比较低，也不挑食材，喜欢什么都可以卷进去，只要卷好不散开就行，冷热均可，切成小块还方便跟朋友分享。

主料	米饭 2 碗	寿司海苔适量
	白煮蛋 2 个	金枪鱼罐头 1 个
	蟹肉棒适量	黄瓜 1 根

辅料　寿司醋适量　　沙拉酱适量

做法

❶ 寿司醋分次加入温热的米饭中，用饭铲切拌均匀。用切拌的方式可以保持米粒完整。

❷ 黄瓜刷洗干净，切掉蒂，切成长条。蟹肉棒煮熟后切开成两条。白煮蛋切开成四瓣。

❸ 金枪鱼罐头沥干，拌入沙拉酱，搅匀。沙拉酱的量随意，不要加太多，否则金枪鱼泥会过于湿软。

❹ 寿司卷帘上铺上一张海苔，粗糙面向上。

❺ 盛取适量寿司饭到海苔上，铺开，上下各留1厘米左右空白，不要铺饭。用手略压实。

❻ 在靠近自己的1/3处依次放上各种食材，每种都摆成一行，各种食材相互重叠。

❼ 拎起卷帘，用手指按住食材，卷起的同时将寿司卷压紧，成为一个坚实的桶状。

❽ 选一把锋利的刀，刀面沾少许水，将寿司卷切成均等的块即可装盘。

第三章

喝碗汤水最舒服——舒心早餐

平易近人

西红柿鸡蛋面

烹饪时间 20 min
难易程度 低

特色

"饿了吗？那我给你煮碗面吧。"红的西红柿，白的挂面，还有一个溏心荷包蛋，点缀上绿色的葱花，热热乎乎又容易消化，无论盛在什么样的碗里，看着都赏心悦目。

主料	挂面 50 克	西红柿 1 个
	鸡蛋 1 个	

辅料	大葱 3 克	香葱 1 棵
	白胡椒粉 1/2 茶匙	鸡精 1/2 茶匙
	盐 1 茶匙	香油 1 茶匙
	油适量	

做法

❶ 西红柿洗净去蒂，切成小块。香葱去根，切小粒。大葱切成葱花。

❷ 中火加热炒锅，锅热后放少许油，下葱花爆香。

❸ 放入西红柿，翻炒到变软，出红油。

❹ 放入鸡精。加足量水，转大火烧开成汤底。

❺ 锅中的汤即将要沸腾的时候，磕入一个鸡蛋，转小火。不要搅动，煮成荷包蛋。

❻ 荷包蛋蛋清部分变白、变硬后，将挂面放入，转中火煮。

❼ 放入盐、胡椒粉调味。将面条煮熟，出锅前淋入香油，撒上香葱粒即可。

京城风味

卤汁豆腐脑

烹饪时间 30 min

难易程度 中

特色

豆腐脑南甜北咸，南北方人民各有所好。北京大多是卤汁豆腐脑，味道浓郁，汤色红亮，制作方法简单。豆腐的部分家里做还是有点儿麻烦，好在我们有神奇的内酯豆腐，做个卤就行啦。

主料	内酯豆腐 1 盒	干木耳 10 克
	干香菇 3 个	酱牛肉 100 克
	鸡蛋 1 个	

辅料	大葱 3 克	姜 3 克
	八角 1/2 个	花椒 1/2 茶匙
	料酒 2 茶匙	生抽 1 汤匙
	蚝油 2 茶匙	香油 1/2 茶匙
	水淀粉适量	油少许
	盐适量	

做法

❶ 木耳提前泡发，洗净，去根后撕成小块。香菇泡发，去蒂，洗净后切薄片。

❷ 酱牛肉切成大颗粒。大葱不切，姜切大片，方便最后挑出来。花椒、八角放入调料盒。

❸ 小火加热炒锅，锅中放少量油，油温热后下葱段、姜片炸出香味。

❹ 放入木耳和香菇，转中火煸炒1分钟。放入料酒、生抽和蚝油，炒匀。

❺ 加入一碗清水，放入调料盒转大火煮开。汤汁沸腾后放入酱牛肉，加入水淀粉勾芡，将汤汁勾调到浓稠。

❻ 再次沸腾后转小火，取出调料盒淋入打散的蛋液，不要搅拌，关火，加香油后盖上锅盖。

❼ 内酯豆腐放入碗中，蒸锅上汽后放入，蒸10分钟后取出。

❽ 打开盛卤汁的锅盖，略搅拌，调入适量盐，浇在蒸好的内酯豆腐上即可。

烹饪秘笈

这款卤汁用了跟老北京传统打卤面的卤相似的制作方法，只是简化了一些步骤，制作的量也比较少。鸡蛋液淋入后即可关火，利用锅的余温足以将鸡蛋烫熟，而且蛋花不老。淋入蛋液后不要搅拌，蛋花能保持大片的状态。

营养贴士

木耳补铁补血，香菇可提高人体免疫力，降压降脂延缓衰老。豆腐除了富含植物蛋白质、钙等营养成分，还含有植物雌激素异黄酮。女性朋友常食豆腐，可延缓衰老，改善更年期症状。

记忆中的味道

疙瘩汤

烹饪时间 20 min
难易程度 中

特色

各色食物把胃吃累了的时候，最容易想念小时候妈妈做的那一碗舒心的疙瘩汤。妈妈的拿手菜似乎都不复杂，但因为包含了妈妈的调味习惯，使每个人记忆中的味道才显得那么独特而珍贵。

主料	面粉 150 克	西红柿 1 个
	鸡蛋 1 个	油菜 1 棵
	大葱 5 克	

辅料	白胡椒粉 1/2 茶匙	鸡精 1 茶匙
	番茄酱 1 汤匙	香油 1 茶匙
	盐 2 茶匙	油

做法

❶ 用小刀在西红柿顶端划开一个十字切口，然后放进沸水里烫半分钟，把西红柿皮剥下来。

❷ 西红柿去蒂，切成比较薄的小块。大葱切碎成葱花。油菜洗净切成小粒。

❸ 中火加热炒锅，锅中放油，油热后下葱花爆香。下西红柿炒软，炒出红油。

❹ 加入鸡精和番茄酱，炒匀。加入足量清水，转大火煮开。

❺ 面粉中加入少许水，用筷子搅拌，直到水被吸收，面粉凝结成面疙瘩。重复此步骤直到没有干粉。

❻ 炒锅中的汤水沸腾后将面疙瘩倒入汤中，边倒边用汤勺搅拌，防止面疙瘩粘在一起。

❼ 大火烧开后转中火煮到面疙瘩漂起来，转小火，转圈淋入打散的蛋液，先不要搅拌。

❽ 鸡蛋基本凝固后加盐、白胡椒粉、香油和油菜，拌匀煮熟即可。

烹饪秘笈

最后放入疙瘩汤中的油菜，是为了增加疙瘩汤的口感，调节颜色。除了油菜之外，油麦菜等任何易熟的蔬菜都可以。

营养贴士

面食容易消化，特别是对于肠胃不好的人来说，面食比米饭更易吸收，一碗热汤可以很好地保护胃黏膜。

麦兜经典菜系

咖喱鱼丸乌冬面

烹饪时间	15 min
难易程度	低

特色

咖喱块是个好东西，不仅能做咖喱饭，还能做咖喱面。乌冬面的可塑性特别强，放在浓厚的汤汁里煮一煮，弹弹滑滑，汤汁的味道完全渗入面条。配上一些蔬菜，几粒鱼丸，美味与颜值齐飞。

主料	鲜乌冬面 2 袋　　咖喱块 2 块 鱼丸 10 个	

辅料	胡萝卜适量	盐少许
	西蓝花适量	油少许
	白煮蛋 1 个	

烹饪秘笈

市售的真空保鲜乌冬面都是熟的，只要放入面汤中煮软就可以。面中的配菜在清水中煮熟，颜色更鲜亮。因为咖喱会给蔬菜染色，不介意颜色的话跟面条一起在咖喱汤中煮也可以。

做法

❶ 胡萝卜洗净切菱形片，西蓝花掰成小朵洗净，白煮蛋去壳对半切开。

❷ 烧一小锅水，水开后放少许盐和几滴油，下西蓝花、胡萝卜片，煮30秒后捞出。

❸ 锅中放入咖喱块，煮到咖喱块溶解。

❹ 放入鱼丸，煮到鱼丸变软，漂起来。

❺ 放入乌冬面，煮3~5分钟，待乌冬面变软，恢复弹性即可关火。

❻ 取一个汤碗，将乌冬面捞出，倒入适量面汤。

❼ 在乌冬面表面摆上鱼丸、胡萝卜、西蓝花和半个白煮蛋即可。

营养贴士

咖喱是以姜黄为主料，另加多种香辛料配制而成的复合调料，可促进消化液分泌，增进食欲，还能促进血液循环，达到发汗的目的。咖喱中的姜黄素，还具有激活肝细胞并抑制癌细胞的功能。

暖心暖胃

菜泡饭

烹饪时间 | 20 min
难易程度 | 低

特色

这是江南地区流行的小吃，口味清淡，鲜香可口。可以在隔夜饭里加各种翠绿的蔬菜，高端点儿的再放上鲜虾，平民口味的可放火腿、瘦肉，随你喜欢。各种食材丢进去，热热闹闹地煮上一小锅，暖胃又暖心。

主料	油菜 3 棵	鲜虾 10 只
	米饭 200 克	豆泡 5 个

辅料	盐 1 茶匙	姜 3 克
	白胡椒粉 1/2 茶匙	香油 1 茶匙
	料酒 1 茶匙	

烹饪秘笈

想要菜泡饭中的汤更清透、洁白，可以在虾仁腌好后用纸巾吸干水分。将排叉、烤酥脆的油条碎撒在菜泡饭上，成品口感更丰富。

做法

❶ 油菜洗净，去根，切成小段。姜去皮切细丝。豆泡切小块。

❷ 鲜虾开背，去头、壳，去虾线，洗净。

❸ 剥好的虾仁放入碗中，加料酒、胡椒粉抓拌均匀，腌制15分钟。

❹ 汤锅里倒入米饭，加适量水，开大火煮。

❺ 继续煮至快沸腾时，放入虾仁和姜丝到泡饭中。

❻ 再次沸腾后加入油菜、豆泡搅匀，煮开即可关火。

❼ 调入适量盐，淋入香油，搅拌均匀即可。

营养贴士

油菜富含膳食纤维，可以促进肠道蠕动，预防便秘。鲜虾富含蛋白质，且脂肪含量低。这样一碗清淡但是味道鲜美的菜泡饭作为早餐真是再适合不过了。

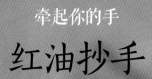

牵起你的手

红油抄手

烹饪时间　40 min

难易程度　高

特色

红油抄手是四川的地方特色小吃，具备川菜的麻辣鲜香。抄手滑嫩多汁，味道鲜美，汤汁麻辣浓香。早餐来一碗，舌头被辣得酥麻，精神也为之一振。

主料	馄饨皮 250 克	猪肉末 200 克
	蛋清 1 个	葱末 2 汤匙
	姜末 1 茶匙	白胡椒粉 1/2 茶匙
	生抽 1 汤匙	老抽 1 茶匙
	盐 1 茶匙	鸡精 1 茶匙
	绵白糖 1 茶匙	料酒 1 汤匙

辅料	生抽 1 汤匙	红油 4 汤匙
	香油 1 茶匙	米醋 2 茶匙
	红糖 1 茶匙	花椒粉适量
	榨菜粒 2 汤匙	蒜末 2 茶匙
	鸡精 1 茶匙	花生碎适量
	香葱料适量	

做法

❶ 猪肉末中加入蛋清、葱末、姜末、白胡椒粉、生抽、老抽、盐、鸡精、绵白糖和料酒，搅拌到肉馅上劲发黏。

❷ 取一张馄饨皮，在皮中间放适量拌好的肉馅。

❸ 将馄饨皮从下往上翻折，将肉馅儿盖住。

❹ 将下方两个角翻转交叠，重叠处抹一点水，压实，捏成元宝状。将全部馄饨包好。

❺ 红油中拌入生抽、米醋、香油、花椒粉、红糖和鸡精，搅拌均匀成红油料汁。

❻ 烧一锅水，水开后放入馄饨，煮熟后捞出。

❼ 碗中放入适量红油料汁，将煮好的馄饨放入碗中。

❽ 撒上适量蒜末、榨菜粒、香葱粒和花生碎，搅拌均匀即可。

烹饪秘笈

抄手又叫馄饨、云吞，各地叫法不同，包的方法也不尽相同，按照自己的习惯操作即可。如果觉得元宝形的馄饨包起来比较复杂，有个偷懒的办法：馅儿放在皮中央，直接用手掌包住，接口处捏实就好。

营养贴士

在寒冷潮湿的冬季早晨，来一碗麻辣馄饨，祛湿驱寒，排毒瘦身。姜能祛除身体内的寒气，红糖能快速补充体力，增强细胞活力，为你带来元气满满的一天。

片儿川

烹饪时间 25 min
难易程度 低

特色

片儿川最近火起来大概是因为纪录片《舌尖上的中国》。做法并不复杂，胜在配料丰富，汤汁鲜美。片儿川是杭州方言，"川"同"汆"，配料都是片状，在沸水中汆烫一下，所以叫片儿川。

主料	鲜面条 300 克	冬笋 70 克
	雪菜 50 克	猪里脊肉 80 克

辅料	大葱 5 克	姜 5 克
	辣椒 2 个	淀粉 1 茶匙
	料酒 2 茶匙	生抽 1 汤匙
	鸡精 1 茶匙	盐适量
	白胡椒粉适量	油适量

做法

❶ 里脊肉切片，放少许料酒、盐、白胡椒粉和淀粉抓匀腌制。

❷ 冬笋切片，放入开水中余烫3分钟，去涩味。雪菜用清水漂洗几次后沥干，切小粒。

❸ 大葱切成葱花，姜去皮切丝，辣椒剪成小段。

❹ 中火加热炒锅，锅中放适量油，油温热后下里脊肉片炒散，变色后捞出。

❺ 锅中留底油，放葱、姜、辣椒，爆香，放入笋片和雪菜翻炒3分钟。

❻ 放入肉片，下料酒、生抽、鸡精、白胡椒粉，翻炒均匀。加适量水，转大火烧开成汤底。

❼ 另起一锅烧水，水沸腾后将面条放入，煮3~5分钟。

❽ 将面条捞出沥干放入汤底中，将汤底和面条继续煮2分钟，调入适量盐即可出锅。

烹饪秘笈

菜单中用的雪菜是腌制过的雪里蕻，本身很咸，吃之前要漂洗，根据雪菜的咸度调整最后的加盐量。面条不要直接放在汤底里煮，会让汤变得很混浊，在清水中煮到半熟，放入汤中略煮一下就好。

营养贴士

冬笋鲜美，雪菜可口，猪肉滋补。冬笋含有丰富的维生素和胡萝卜素，具有清热化痰的功效。鲜美的冬笋雪菜，筋道的面条，不失为一道冬日美食。

浓浓中国风

老上海肉酱面

烹饪时间　30 min
难易程度　中

不仅意大利有肉酱面，我们幅员辽阔的祖国也有各种各样的肉酱面，而且熬中国风的肉酱更简单。刚煮好的面条，浇上一大勺肉酱，实实在在的男士早餐。

主料	猪肉末 200 克　　鲜面条 200 克
	菜心 4 棵

辅料		
	大蒜 5 克	大葱 5 克
	姜 5 克	小米泡椒 1 个
	郫县豆瓣酱 1 汤匙	生抽 2 汤匙
	老抽 1 汤匙	料酒 2 汤匙
	辣椒油 1 汤匙	鸡精 1 茶匙
	盐 1/2 茶匙	油 2 汤匙
	淀粉 2 茶匙	绵白糖 2 茶匙

做法

❶　大蒜去皮切末，姜切末，大葱切成葱花，小米椒切小粒。菜心去根，冲洗干净。

❷　猪肉末中放入一半的料酒、生抽、老抽和全部淀粉，搅拌均匀腌制。

❸　中火加热炒锅，锅中放食用油和辣椒油，油六成热时下葱花、蒜末、姜末和泡椒粒炒香。

❹　放入腌好的肉末，将肉末炒散，煸炒出油。

❺　放郫县豆瓣酱，加入剩余的料酒、生抽、老抽、鸡精、盐和白糖，翻炒均匀即成肉酱。

❻　汤锅中放足量水，大火烧开后放入少许盐和油。下菜心汆烫一下后捞出。

❼　面条放入汤锅中煮熟后捞出装碗，倒入适量面汤。

❽　在面条上摆上两根菜心，浇一勺肉酱即可。

烹饪秘笈

辣肉酱很咸，不容易坏，可以一次多炒些，趁热放入干净玻璃瓶密封，放凉之后放入冰箱保存，随吃随取。早上吃的时候加个荷包蛋，营养更丰富。

营养贴士

猪肉富含碳水化合物、蛋白质、钙、磷、钾等人体所必需的多种营养元素，而菜心作为锦上添花的存在，在装点整道菜的同时还补充了维生素和膳食纤维。

美颜减龄

美龄粥

| 烹饪时间 | 35 min |
| 难易程度 | 低 |

特色

特色

据说，这是大厨为了解决宋美龄女士食欲不振而开发的粥品，这种包含了豆浆、山药和糯米的粥。光是食材和名字听起来就很有江南水乡的软糯感，喝的时候得小口小口细细品味，才能不辜负面前这一碗粥。

主料	糯米 60 克　　大米 20 克 山药 150 克　　豆浆 600 毫升 水 200 毫升　　枸杞子 1 汤匙

辅料	冰糖适量

做法

❶ 糯米和大米淘洗干净，提前浸泡3小时以上，捞出沥干。枸杞子用热水泡软后沥干。

❷ 山药去皮，切成小块，放入锅中蒸熟后放凉。

❸ 蒸熟的山药放入保鲜袋中，用擀面杖压成山药泥。

❹ 将豆浆和水放入较厚的锅中，大火烧开。加入泡好的大米和糯米，再次煮开。

❺ 加入山药泥，转中小火继续加热，不时用汤勺搅拌，防止粘锅。

❻ 加入冰糖，煮到米粒开花后关火，趁热放入枸杞子即可。

贴秋膘

京味羊杂汤

烹饪时间　20 min
难易程度　低

羊杂汤很多地方都有，但味道不同，距离很近的北京和天津口味都有差异。买一袋卤羊杂，烤上两个芝麻火烧，不管你身在何方，都能体验一把京城清真早点的味道。

主料	卤羊杂 200 克	麻酱芝麻烧饼 2 个

辅料	香菜 2 棵	大葱 5 克
	姜 5 克	芝麻酱 2 汤匙
	大块腐乳 1 块	韭菜花适量

做法

❶ 香菜去根后冲洗干净，切成约5毫米长的小段。大葱切大段，姜切片。

❷ 芝麻酱中缓缓加入温水，边加边用筷子顺一个方向搅拌，直到芝麻酱澥开成流动性较大的糊状。

❸ 腐乳用勺背碾压成泥，加少许清水，搅匀后再加入到芝麻酱糊中。依个人喜好，添加适量韭菜花。

❹ 汤锅中放入适量清水，放入葱段、姜片，大火烧开。

❺ 放入羊杂，再次沸腾后转中火，继续煮约15分钟。煮到羊杂变软，味道融入汤中。

❻ 羊杂汤盛入碗中，趁热加香菜，加入适量麻酱调料汁，吃之前搅匀即可。

❼ 小火加热平底锅，锅热后，将凉芝麻烧饼用清水冲一下，放入平底锅，加盖。

❽ 烧饼表面的水分挥发，翻面加热到两面恢复酥脆即可出锅。配羊杂汤食用。

烹饪秘笈

市面上出售的熟制羊杂通常有卤羊杂和白水羊杂，本身都是有些咸味的，选用哪种都可以。菜谱中用到的腐乳是红色的那种，北京人叫它"酱豆腐"，千万别替换成南方的白色腐乳。韭菜花的味道比较特别，不习惯的话可以少放或不放。

营养贴士

羊肉补气血，可以给你好气色；羊肝明目，可以缓解电脑辐射带来的视疲劳；芝麻酱补钙效果极佳；腐乳则可以开胃助消化。芝麻火烧配上羊杂汤干稀搭配，顺口又养胃。

小巧玲珑

鲜虾小馄饨

烹饪时间	30 min
难易程度	中

特色

鲜虾馄饨是广州人喜爱的汉族小吃。粤菜精致，把馄饨皮做得很薄，传统的猪肉馅儿里加上鲜虾，味道更鲜美，口感更弹滑,再配上精致的汤底,金黄的蛋皮,光用眼睛看都是一种享受。

主料	猪肉末 200 克　　虾仁 100 克
	馄饨皮适量

辅料	大葱 3 克	姜 2 克
	料酒 2 茶匙	白胡椒粉 1/2 茶匙
	盐 1 茶匙	白糖 1/2 茶匙
	虾皮适量	紫菜适量
做法	鸡蛋 2 个	香葱 1 棵
	油少许	香油少许

烹饪秘笈

包小馄饨的馅儿
要比包饺子、包子
的肉馅剁得更细，
粗一些的肉泥状
最佳。虾仁切成颗
粒就好，太碎了吃
不出虾肉的口感。
葱、姜也尽量剁
碎，在肉馅里面
咬到姜实在影响
心情。

❶ 猪肉末二次加工，剁成肉泥。虾仁洗净、沥干后切成小颗粒。大葱和姜先剁碎。

❷ 猪肉末中加入虾仁粒、葱姜末、料酒、白胡椒粉、白糖和盐，顺一个方向搅打到肉馅发黏。

❸ 将肉馅放在馄饨皮上，按照自己的喜好包成小馄饨。留出一次吃的量，剩下的分散开冷冻。

❹ 香葱去根，洗净后切成小粒。紫菜撕碎。鸡蛋磕开，加入 2 汤匙水，加少许盐和白胡椒粉，充分打散。

❺ 小火加热平底锅，锅中放少许油，抹匀。倒入蛋液，转动锅摊成蛋皮。取出，切成条。

❻ 在饭碗里放适量虾皮、紫菜、盐、白胡椒粉和少许香油，成为汤底料。

❼ 烧一锅清水，水沸腾后下小馄饨。再次沸腾后用汤勺盛半碗汤到饭碗里，将汤底料冲开。

❽ 馄饨煮熟后捞入汤碗，摆上蛋皮，撒少许香葱粒即可。

营养贴士

猪肉和虾仁均富
含蛋白质，虾皮
可以补钙，紫菜
能够补碘。做成
馄饨，连汤带水，
既补充营养，又
易于消化。

家乡的记忆

牛肉汤河粉

| 烹饪时间 | 20 min |
| 难易程度 | 低 |

特色

河粉又叫沙河粉，起源于广州沙河。河粉薄而滑，富有光泽，软软的很好消化。干炒牛河是港式茶餐厅的必备菜品，但是一般油很大，不如试试汤河粉吧，不油腻，滑溜溜。

主料	干河粉 200 克	牛里脊 150 克
	油菜 2 棵	

辅料	姜 5 克	料酒 2 茶匙
	蚝油 1 汤匙	生抽 1 汤匙
	绵白糖 1/2 茶匙	盐适量
做法	油少许	淀粉少许
	水淀粉适量	

❶ 牛里脊肉冲洗干净，切成薄片。油菜冲洗一下，纵向剖开成两半。姜一半切片，一半切丝。

❷ 牛肉片中加入 1 茶匙料酒，放入姜片，加少许盐，用手抓拌 1 分钟，腌制一会儿。

❸ 烧一锅清水，水沸腾后放入少许盐，滴几滴油，放入油菜焯烫到变色后捞出沥干。

❹ 将干河粉放入开水中煮约 5 分钟，煮到河粉略变白。关火闷 15 分钟，闷到河粉完全变白。

❺ 闷河粉的同时炒牛肉。腌好的牛肉去掉姜片不要，加入少许淀粉，抓匀，使牛肉片上浆。

❻ 中火加热炒锅，锅中放少许底油，放入姜丝煸炒出香味，然后放入牛肉片，滑炒到变色。

❼ 烹入 1 茶匙料酒，加入蚝油、生抽和白糖，拌炒均匀，调入适量盐，加水淀粉勾芡即可。

❽ 闷好的河粉捞入碗中，加适量汤，摆上油菜，浇上一勺炒好的牛肉即可。

烹饪秘笈

干河粉可以直接水煮，煮的时间较长，也可以提前泡软，泡过之后在沸水里略煮一下就好。煮河粉的汤比较混浊，直接做河粉汤味道比较浓厚。炒牛肉的时候可以添加一些水，勾芡使汤汁浓稠，刚好拌河粉。

营养贴士

河粉含有碳水化合物，可以补充大脑消耗的葡萄糖，缓解因用脑过度而出现的疲惫、易怒、头晕、失眠、夜间出汗、注意力涣散、健忘等。让你一天都神采奕奕！

宁波人的心头好

青菜火腿年糕汤

| 烹饪时间 | 20 min |
| 难易程度 | 低 |

特色

在宁波，年糕吃法一般分炒年糕和年糕汤两类，其中咸的年糕汤很是经典。年糕软糯，香菇鲜香，青菜爽脆，还给"无肉不欢"的我们加上了火腿。

主料	水磨年糕 100 克　小白菜 2 棵
	火腿 50 克　　　鲜香菇 2 个

辅料	葱 3 克	鸡精 1/2 茶匙
	盐 1 茶匙	香油适量
	油少许	

做法

❶　小白菜切去根，冲洗干净后切成寸段。叶子和梗分开。香菇去蒂、切片。大葱切成葱花。

❷　水磨年糕掰散开，切成厚片。火腿切丝。

❸　中火加热炒锅，锅中放少许油，烧至六成热时放葱花，煸炒出香味。

❹　放入香菇片，煸炒到香菇片变软，收缩。加入约 2 小碗水，转大火烧开。

❺　放入年糕片，煮至汤汁沸腾后下小白菜梗和火腿丝，转中火煮到年糕片变软。火腿易碎，不要放太早。

❻　放入小白菜叶和香油、鸡精，调入盐。小白菜叶变色后即可关火出锅。

烹饪秘笈

市面上出售的水磨年糕一般有两种形状，块状的和棒状的。块状的切片就好，棒状的可斜刀切成小段。年糕入锅后要多搅拌，以免粘在一起成坨。

营养贴士

香菇不仅可以增加食物的鲜味，还特别适合"三高"人群食用，可预防动脉硬化、降低胆固醇。小白菜富含维生素和膳食纤维，可祛痘美容防感冒，还能减少火腿的油腻感。

下火粥

皮蛋瘦肉粥

| 烹饪时间 | 35 min |
| 难易程度 | 低 |

特色

粥铺必备的一道粥品，经典到不知道应该怎样去形容它。辅料只有皮蛋和瘦肉，点缀少许姜丝，几粒盐，一小撮胡椒粉，竟然能调配出如此鲜美的味道。

主料	大米 150 克 皮蛋 2 个
	猪里脊肉 100 克

辅料	
姜 5 克	香葱 2 棵
料酒 2 茶匙	白胡椒粉适量
油 1 茶匙	淀粉 1/2 茶匙
盐适量	

做法

❶ 猪里脊肉洗净，垂直于瘦肉纹理的方向将其切成粗丝。

❷ 肉丝中加入料酒、少许白胡椒粉、适量盐和淀粉，抓拌均匀。

❸ 大米淘洗干净放入汤锅，加入煮饭量两倍的清水，大火烧开后转中火熬成白粥。

❹ 香葱去根后洗净，取葱绿部分切成小粒。姜去皮后切细丝。皮蛋去壳，切块。

❺ 肉丝中拌入1茶匙油。另起一锅烧水，水开后放入肉丝，用筷子搅散，撇去浮沫。肉丝变色后捞出，沥干。

❻ 白粥熬煮到米粒开花，汤汁发黏后，放入姜丝，用勺子将姜丝推散开。

❼ 放入皮蛋和肉丝，加入盐和1/2茶匙白胡椒粉，用勺子推散开，继续煮约5分钟。

❽ 出锅前撒香葱粒，拌匀即可。

健身者的必备粥

生滚牛肉窝蛋粥

烹饪时间　30 min
难易程度　中

特色

窝蛋牛肉粥属于广式的生滚粥，其特点是牛肉鲜嫩，口感润滑，粥的软糯，混合着鸡蛋的香软，令人一尝难忘。如果鸡蛋足够新鲜，可以不完全煮透，上桌之后戳破蛋黄，看着蛋黄散开，就像蛋花一样。

主料	大米 100 克	牛里脊 100 克

辅料	鹌鹑蛋 10 个	鲜香菇 4 个
	姜 3 克	香葱 1 棵
	淀粉 1/2 茶匙	生抽 1 茶匙
	白胡椒粉 1/2 茶匙	香油适量
	白糖 1/2 茶匙	盐适量
	鸡精适量	

做法

❶ 鲜香菇去蒂，洗净，切薄片。生姜去皮切细丝。香葱取葱绿部分切小粒。大米淘洗干净。

❷ 洗净的米放入砂锅，放足量水，大火烧开，再次沸腾后转小火。

❸ 香菇片放入砂锅，一起煲香菇粥底。

❹ 牛里脊切薄片。加入盐、白胡椒粉、生抽、白糖、香油、淀粉抓匀，腌制一会儿。

❺ 粥熬至黏稠，米粒开花。在粥里均匀磕入鹌鹑蛋，不要搅拌，煮到蛋清变白。

❻ 将腌渍好的牛肉片放入锅中。缓慢搅拌均匀，牛肉大致搅散开就好。

❼ 放入姜丝，等粥再次冒小泡，不需要完全沸腾，搅匀，关火。

❽ 香葱粒撒在粥里，调入适量盐和鸡精，搅拌均匀即可。

红烧排骨面

烹饪时间	50 min
难易程度	中

特色

头天晚上用高压锅焖一锅排骨，第二天早上就能吃到热乎乎香喷喷的排骨面啦。在高压锅里焖过一整晚的排骨，不仅软烂，长时间的浸泡让汤汁的味道融入肉里，想不入味都难。

主料	排骨 500 克　　　面条适量
	油菜适量

辅料		
绵白糖 2 茶匙	老抽 1 茶匙
生抽 2 汤匙	料酒 1 汤匙
盐 2 茶匙	八角 1 个
花椒 1 茶匙	大葱 2 段
姜 4 片	油少许

做法

❶　排骨剁成小块，冷水下锅，放入 1 段葱，2 片姜，大火煮沸后捞出，洗去浮沫，沥干。

❷　中火加热炒锅，锅中放少许油，油温六成热时放入白糖，炒到白糖融化，变成浅焦糖色。

❸　放入排骨，大火翻炒均匀。沿锅边淋入料酒。放生抽、老抽，炒匀。

❹　将炒好的排骨放入高压锅，加入适量水，加盐。

❺　放入葱段、姜片。花椒、八角放入调料盒后放入锅中。高压锅压 20 分钟。

❻　烧一锅开水，水沸腾后放入少许盐和油，下洗净的油菜烫软后捞出待用。

❼　下面条煮熟，捞出盛在大碗里，在碗边摆上两棵烫好的油菜。

❽　在面上摆上几块排骨，浇上排骨汤即可。

第四章

丰盛的餐桌
——营养搭
配早餐

极限之鲜

香煎龙利鱼 +
味噌汤

| 烹饪时间 | 30 min |
| 难易程度 | 中 |

特色

龙利鱼柳价格实惠，没有刺，腥味也不重，加简单的调料就很鲜美，可以直接夹在吐司里。味噌汤做起来更是简单，热量又低。这样搭配的早餐，即使在减肥期间也可以放心地大快朵颐。

主料	龙利鱼柳 1 片　　鸡蛋 1 个 味噌酱 2 汤匙　　嫩豆腐 100 克 干裙带菜 20 克

辅料	大葱白 3 克	淀粉适量
	黑胡椒碎适量	油少许
	盐适量	

做法

❶ 龙利鱼柳解冻后冲洗干净，用纸巾吸干表面水分。

❷ 鱼柳表面涂抹盐，撒适量黑胡椒碎，腌制15分钟。

❸ 葱白切成小圆片。裙带菜用温水泡开后沥干。嫩豆腐切小方块。鸡蛋打散成蛋液。

❹ 腌好的鱼柳拍上淀粉，抖掉多余的干粉，在蛋液里滑一下，两面裹上蛋液。

❺ 平底锅中放少许油，中火将鱼柳煎至两面金黄。出锅后撒适量黑胡椒碎即可。

❻ 小汤锅中放适量清水，水沸腾后放入味噌酱，搅拌到味噌充分溶于水，再次沸腾。

❼ 将嫩豆腐和裙带菜放入味噌汤底中，用勺子搅动一下，关火。

❽ 碗中放少许葱白片，趁热冲入热味噌汤即可。与煎龙利鱼同食。

烹饪秘笈

味噌汤不宜久煮，也不适合反复加热，一次不要做太多。如果有干贝素或者海鲜类的味精，可以少量添加提鲜。加味噌酱的时候，将小滤网放在汤锅里，味噌酱放入滤网，用勺背碾压，直到味噌酱彻底溶于水中即可。

营养贴士

龙利鱼含有不饱和脂肪酸，可促进脑部发育。味噌酱是由黄豆发酵而成，不仅味道鲜美，还有整肠功能，能帮助排除体内垃圾。味噌中的大豆皂苷，还有抗氧化防衰老的作用。

鸡蛋米饼 +
芹菜虾仁沙拉

烹饪时间 30 min
难易程度 低

特色

剩米饭重装登场！用鸡蛋做粘合剂，给大米增加蛋香，还能减少油分渗入，小小一块可以用手捏着吃。虾仁和芹菜拌在一起，只需要很简单调料，却能生出鲜甜的味道。

主料	米饭 150 克	鸡蛋 2 个
	芹菜 150 克	虾仁 50 克
	干木耳 30 克	

辅料	白芝麻 1/2 茶匙	香葱适量	油适量
	白胡椒粉适量	盐 1/2 茶匙	
	鸡精适量	香油 1/2 茶匙	

烹饪秘笈

米饼容易散开，煎的时候要等到一面定形，足够坚硬再翻面。如果用鲜虾剥成虾仁，味道会更鲜甜。

做法

❶ 芹菜洗净，斜刀切成薄片。虾仁开背，去掉虾线后洗净。木耳泡发去根，洗净后撕成小朵。

❷ 烧一锅开水，分别下芹菜、虾仁、木耳，汆烫熟后捞出沥干，放凉。

❸ 将芹菜、虾仁、木耳放入碗中，加适量盐、白胡椒粉、白芝麻和香油，搅拌均匀即成芹菜虾仁沙拉。

❹ 香葱去根，洗净后切成小粒。鸡蛋磕入碗中，加少许盐、鸡精，搅拌均匀。

❺ 将米饭、香葱粒放入蛋液中，搅匀。中火加热平底锅，锅中放适量油，抹匀。

❻ 锅热后倒入搅拌好的米饭，用铲子将米饭摊匀、整形，转小火。

❼ 米饼一面定形后用铲子翻面，煎到两面金黄后即可出锅，切块装盘。

营养贴士

多吃芹菜可以平肝、降血压，增强人体的抗病能力。由于芹菜中富含水分和膳食纤维，并含有一种利尿成分，因此可以排毒、消水肿，常吃有瘦身的效果。

美好的小幸福

圆白菜烘蛋
黄油吐司

烹饪时间 20 min
难易程度 中

特色

只添加简单的调料，接受并习惯新
鲜食材的原味，是一种很健康的饮
食方式。虽然调料简单，处理方式
却可以选择多样，让食物简单却不
单调。

主料	圆白菜 100 克	鸡蛋 1 个
	培根 1 片	吐司 1 片
	黄油 20 克	

辅料	黑胡椒粉适量	油适量
	盐适量	

做法

❶ 圆白菜冲洗干净，去掉大梗，切成细丝。培根切成窄条。

❷ 中火加热平底锅，锅中放适量油，油热后放入培根条煸炒到微焦。

❸ 下圆白菜丝翻炒到略软。转小火，用铲子将培根圆白菜堆成一堆，在中间挖一个小坑。

❹ 将鸡蛋直接磕进圆白菜小坑里，盖锅盖，焖煎到蛋清变白。

❺ 打开锅盖，将圆白菜和鸡蛋沿着锅边滑出到盘子里，在表面撒适量黑胡椒粉和盐。

❻ 将软化的黄油均匀涂抹在吐司片上，吐司片改刀成宽条。

❼ 烤箱预热160℃完成后，放入吐司条烘烤约5分钟，直到吐司条表面变成金黄色即可。

抱蛋煎饺 +
生菜番茄沙拉

烹饪时间 30 min
难易程度 低

特色

速冻饺子的新吃法，省时省力还能同时
吃到煎蛋。番茄生菜沙拉看看就洋气，
酸爽又解腻，红红绿绿搭配起来挺好看，
维生素还满满哒。

主料	速冻饺子 20 个	鸡蛋 2 个
	西红柿 1 个	圆生菜 1/4 个

辅料	橄榄油 2 汤匙	白醋 1 汤匙
	盐 1/2 茶匙	黑胡椒粉适量
	黑芝麻适量	油适量

做法

❶ 平底锅中倒入适量油，将速冻饺子码入锅中，注意每个饺子底面都要沾到油，开中火。

❷ 用筷子翻开饺子检查，底面略金黄时倒入适量清水，水量约没过饺子的1/3，盖锅盖焖煎。

❸ 等到锅中水烧干，饺子皮鼓起来的时候打开锅盖。

❹ 倒入打散的蛋液，转动锅，使蛋液均匀分布。撒上适量黑芝麻。

❺ 蛋液定形后关火，晃动锅，使蛋饼与锅分离，然后将煎饺和蛋饼一起沿着锅边滑出到盘中。

❻ 西红柿洗净后去蒂，切成小块。生菜撕成小片，冲洗干净，沥干水分。

❼ 西红柿块中加入橄榄油、白醋、盐和黑胡椒粉，充分搅匀，腌制15分钟以上，使西红柿入味。

❽ 上桌之前，将生菜片放入腌好的西红柿中，拌匀即可。为了保持生菜的爽脆，一定要现吃现拌。

烹饪秘笈

做煎饺的时候，为了防止粘底，每个饺子与锅接触的面都要沾到油。有个减少用油量的方法：在锅中集中倒入少量油，每个饺子在油上蘸一下，再码好，就不用把油涂满锅了。

营养贴士

西红柿中含有番茄红素，这是一种抗氧化成分，可以抗衰老预防心血管疾病，还有防癌抗癌的作用。生菜中含有莴苣素，可降低胆固醇，是很好的减肥食物。

143

薏仁核桃米糊
+秋葵蒸蛋

烹饪时间 25 min

难易程度 低

特色

薏仁美白除湿气，核桃含有大量不饱和脂肪酸，好处多多，加上大米，让这款饮品更柔滑。想要尝试秋葵又受不了它滑溜溜的黏液吗，放进蛋羹一起蒸吧，蒸熟之后黏液就吃不出来啦。

主料	薏仁 60 克	大米 80 克
	核桃仁 50 克	鸡蛋 2 个
	秋葵 2 根	

辅料

绵白糖适量

生抽 2 茶匙

香油适量

做法

❶ 薏仁、大米冲洗干净，加适量水，大火煮开后转中火煮20分钟，放凉。

❷ 基本冷却的薏仁、大米，连同汤汁一起放入料理机，放入核桃仁。

❸ 加入适量绵白糖，料理机开高速搅打成糊状，倒入杯中即可。

❹ 秋葵冲洗干净，切掉蒂不要。处理好的秋葵切成厚片。

❺ 鸡蛋磕入碗中，充分打散。加入约100毫升清水，充分搅拌均匀。

❻ 将蛋液过滤，滤掉气泡。过滤过的蛋液蒸出的蛋羹表面会更光滑，不介意的话此步骤可省略。

❼ 放入秋葵片，给碗盖个保鲜膜。蒸锅上汽后放入碗，蒸15分钟后取出。

❽ 去掉保鲜膜，趁热淋上生抽和少许香油即可。

烹饪秘笈

薏仁里经常有坏掉的颗粒，有霉变和发黄的都不能吃，淘洗之前就要挑出来。核桃仁容易受潮变质，坏掉的核桃仁气味会改变，颜色会变成暗黄色，有些会长毛，食用之前一定要认真检查。

营养贴士

薏仁中的蛋白质、脂肪、维生素B₁的含量都远高与大米。祖国医学认为，薏仁具有利水渗湿、健脾清肺等功效，是药食两用之品。秋葵富含锌、硒等微量元素，有防癌抗癌的作用，还是有助减肥的佳蔬。

牛油果三明治 ＋鸡蛋沙拉

烹饪时间	15 min
难易程度	低

特色

喜欢牛油果的人一定会爱它最天然的味道。一小撮盐，几粒黑胡椒，与滑嫩绵密的牛油果相得益彰。白煮蛋吃腻了？放点儿沙拉酱拌一拌，小改变带来大惊喜。

主料　牛油果1个　　吐司面包4片
　　　　白煮蛋2个

辅料　沙拉酱2茶匙

　　　　黑胡椒碎适量

　　　　盐适量

做法

❶　吐司面包切去四边。牛油果对半剖开，去皮去核。

❷　将牛油果扣在砧板上，切成长薄片待用。

❸　取一片吐司，将一半的牛油果切片均匀铺在吐司上。

❹　牛油果上均匀撒上少许黑椒碎和少量盐，口味遵照个人喜好。

❺　盖上另一片吐司。将两份三明治都组装好，等分切为两块。

❻　白煮蛋去壳，切块放入碗中。为保证成品美观，蛋黄尽量不要弄太散。

❼　白煮蛋中加沙拉酱，加少许盐，略微搅拌即可。

烹饪秘笈

这款三明治最大限度地保留了牛油果天然的味道，操作简单。如果不习惯，可以在牛油果上挤上一些沙拉酱，另有一番风味。

营养贴士

牛油果富含蛋白质、脂肪酸及多种维生素，营养价值极高。牛油果中的甘油酸；是天然抗氧剂，能润泽肌肤，延缓皮肤衰老。牛油果中的维生素E，能保护皮肤细胞免受紫外线的伤害。这是一款有美容功效的营养早餐。

甜味厚蛋烧＋花生酱肉松厚片吐司

烹饪时间 20 min

难易程度 中

特色

日料店里的厚蛋烧咸味的比较多，其实在日本给小朋友吃的很多都做成甜的。花生酱大人孩子都喜欢，加热一下会更柔滑。两样凑在一起，吃个甜甜蜜蜜的早餐吧。

主料	鸡蛋 3 个	牛奶 70 毫升
	厚吐司 1 片	花生酱 1 汤匙
	肉松 30 克	

辅料　绵白糖 2 汤匙

　　　油适量

做法

❶ 鸡蛋打散，放入牛奶、绵白糖，充分搅拌均匀。烤箱预热150℃。

❷ 中火加热平底锅，锅中放适量油，油热后倒入一半蛋液，使蛋液均匀铺满锅底。

❸ 蛋液大致凝固后，从一侧开始将蛋饼卷起来，卷成一个卷后，推到锅边。

❹ 倒入剩余蛋液，用铲子将卷好的蛋卷掀起来，使蛋液流入到蛋卷下面，并均匀铺满锅底。

❺ 蛋液大致凝固后，用新成形的蛋饼将蛋卷再次卷起来，滚圆，煎至熟透。

❻ 煎好的蛋卷盛出。略放凉后切成大块，热的厚蛋烧很难切出漂亮的截面。

❼ 厚片吐司放入预热好的烤箱，烘烤约5分钟。表面略变色后取出，涂上一层花生酱。

❽ 撒上肉松，再次放入烤箱，烘烤约2分钟，烤到花生酱融化即可。

烹饪秘笈

吐司提前放入烤箱烘烤，可以让吐司跟花生酱接触的面也酥脆，同时温热的吐司上花生酱更容易涂抹开。日式厚蛋烧本来应该用方形煎锅煎，没有的话用普通平底锅替代问题也不大，使用不粘锅操作起来会容易些。

营养贴士

花生酱中含钙丰富，可促进儿童骨骼发育，花生酱还富含锌元素，能促进儿童大脑发育，增强记忆力。肉松含有丰富的蛋白质，经过炒制以后更容易吸收。

辣白菜炒饭
＋单面蛋

烹饪时间	20 min
难易程度	低

特色

辣白菜在炒过之后还能保持口感爽脆，很适合炒饭。并且辣白菜易于保存，放在冰箱里随用随取，味道浓厚，再配上肉香浓郁的培根，即使早上食欲不振，炒上一盘也能胃口大开。

主料	米饭 1 碗	辣白菜 100 克
	培根 2 片	鸡蛋 1 个

辅料

大葱 3 克

绵白糖 1/2 茶匙

香油 1 茶匙

油适量

做法

❶ 辣白菜滤掉汤汁，切成短丝，过长的白菜丝会缠在一起，不易炒散。汤汁不要扔掉。

❷ 大葱切碎成小粒。培根切成细条。

❸ 中火加热炒锅，锅中放适量油。油温热后放入培根条煸炒至微焦。

❹ 放入葱花，煸炒出香味。下辣白菜丝，翻炒均匀。葱花要在培根之后放，以免炒焦。

❺ 加入白糖、辣白菜汤汁。放入米饭，将米饭炒散。调入香油，炒匀后装盘。

❻ 中火加热平底锅，八成热时加入少许油，磕入 1 个鸡蛋。

❼ 转小火，锅中放入 1 汤匙清水，盖锅盖，焖到鸡蛋没有流动性，盖在炒饭上即可。

蒜香面包
＋美式炒蛋

烹饪时间　30 min
难易程度　高

特色

蒜香面包让我们发现，原来大蒜跟黄油混在一起能产生奇妙的变化，味道这么迷人！美式炒蛋，虽然油稍稍多了一点，但是滑嫩松软，通体是均一的黄色，让你的眼睛和嘴巴都无法抗拒他的吸引。

主料	法棍面包 1/2 根　鸡蛋 2 个
	牛奶 2 汤匙　　　黄油 80 克
	大蒜 30 克
	香葱 1 棵

辅料	盐 1 茶匙
	绵白糖 1/2 茶匙
	黑胡椒粉适量

烹饪秘笈

打蛋液的时候，要打到蛋液起泡，空气融入蛋液中，炒出的鸡蛋更蓬松。做美式炒蛋时不要将鸡蛋完全炒熟再出锅，关火后鸡蛋内蓄积的热量还会让它变硬一点，炒好的鸡蛋装盘时应该是柔软潮湿的。

做法

❶ 法棍面包斜刀切成厚片。黄油软化；大蒜去皮、压成蒜蓉；香葱取葱绿部分切碎成末。

❷ 将蒜蓉、葱末、20克黄油、1/2茶匙盐和白糖搅拌均匀，涂抹在法棍切片的一面上。烤箱预热170℃。

❸ 预热完成后，放入面包片，有黄油蒜蓉的一面朝上，烘烤约15分钟，至表面金黄即可。

❹ 鸡蛋充分打散，加入1/2茶匙盐和牛奶，继续打散到液体完全融合。

❺ 小火加热不粘平底煎锅。加入60克黄油，待黄油融化变热时，倒入蛋液，不要搅拌。

❻ 让蛋液慢慢温热直到底部成形，大约需要1分钟。

❼ 用铲子把蛋液从边缘往中间推，上层蛋液会流向锅底，凝固了接着往中间推，直到看不到液体的鸡蛋。

❽ 看不到流动液体时，马上离火并继续拌炒，基本凝固即可装盘，在表面撒上黑胡椒粉即可。

营养贴士

大蒜能促进血液循环；蛋黄含有丰富的维生素E，能延缓血管与皮肤老化。牛奶富含蛋白质，与富含碳水化合物的法棍面包搭配，能带给人满满的能量。

醉里红颜

鸡肉饭 + 酒酿圆子

烹饪时间 40 min
难易程度 低

特色

用电饭锅做有肉有菜的饭很方便，食材扔进锅里，按个按钮，基本不需要厨艺，又营养丰富。餐后再来个甜品，酒酿小圆子，纯白透亮，滋养又美味。

主料		
鸡大胸 2 块	大米 200 克	
鲜香菇 4 朵	胡萝卜 1 根	
醪糟 150 克	小汤圆 100 克	
鸡蛋 1 个	枸杞子 2 茶匙	

辅料

酱油 2 汤匙	香葱适量
蚝油 1 汤匙	
姜片 3 克	
绵白糖适量	

做法

❶ 鸡胸肉冲洗干净切成小块。加入蚝油、酱油和姜片，用手抓匀，腌制2小时以上。

❷ 香菇洗净去蒂，切块。胡萝卜去皮，切滚刀块。香葱去根，切成小粒。大米淘洗干净。

❸ 腌好的鸡胸肉铺在电饭锅底，上面放上切好的香菇和胡萝卜。

❹ 最后铺上大米，加入适量水，开煮饭功能。

❺ 煮饭结束后，打开电饭锅，将锅内食材搅匀，出锅前撒适量香葱粒即可。

❻ 小汤锅中放适量水，大火烧开后转中火，放入小汤圆和枸杞子，煮到小汤圆漂起来。

❼ 放入醪糟，沸腾后淋入打散的蛋液，关火。

❽ 蛋花定形后用勺子推匀，依个人喜好调入适量白糖即可。

异国小情调

法式吐司 +
酸奶水果杯

烹饪时间 20 min

难易程度

特色

虽然法式吐司的热量比较高，但是没法否认拥有布丁口感的它具有很强的诱惑力。担心热量？那就少吃一点，再搭配个水果杯，营养均衡又美味

主料	吐司片 4 片	鸡蛋 2 个
	牛奶 120 毫升	绵白糖 2 汤匙
	原味酸奶 100 克	时令水果 200 克

辅料	黄油适量
	坚果仁 1 汤匙
	蜂蜜适量

烹饪秘笈

煎法式吐司的时候火候一定要掌握好，黄油和糖都很容易焦，煎的过程中保持小火，注意观察，随时翻动。

做法

❶ 吐司片切掉四边，薄薄地切掉一层即可。每片面包改刀成四个小方块。

❷ 鸡蛋打散，加入白糖和牛奶，搅拌均匀，倒入一深盘中。

❸ 面包块放入蛋液中，使蛋液浸满面包片。

❹ 小火加热平底锅，锅中放入一小块黄油，黄油融化微微起泡后放入浸满蛋液的面包片。

❺ 小火煎到面包片两面金黄微焦，装盘后淋适量枫糖浆或蜂蜜即可。

❻ 时令水果切成小块放入碗中，酸奶搅拌均匀后淋在水果块上。

❼ 在酸奶上撒坚果仁，淋少许蜂蜜，吃之前搅拌均匀即可。

营养贴士

酸奶中的乳酸菌，不仅可以提高食欲、促进消化，还能维护肠道菌群的生态平衡，抑制腐败菌产生的毒素和致癌因子，达到防癌的目的。时令水果为早餐增加了足够的维生素，为新的一天加把力。

丝滑柔顺

培根煎饭团
+蓝莓奶昔

烹饪时间 20min
难易程度

特色

煎饭团吃过吗？内心保持米饭的柔软，外皮增加了焦脆的口感，有点儿像锅巴，混合着芝麻香和肉香，口感和味道都令人久久无法忘怀。蓝莓跟香蕉一起做成的奶昔，简单的过程，带来丝滑顺滑的口感。

主料

米饭1碗	培根2片
小片海苔4片	蓝莓50克
香蕉1/2根	牛奶150毫升

辅料

香油适量

熟白芝麻1茶匙

原味酸奶2汤匙

绵白糖1茶匙

烹饪秘笈

饭团尽量捏实，煎的时候用勺子或者铲子辅助翻面，米饭不容易散开。蓝莓有的比较酸，所以酸奶可以作为配料，加不加看个人喜好。

做法

❶ 培根切成短细条，放入热米饭中，搅拌均匀。最好是热米饭，培根是凉的，用米饭温热一下味道更好。

❷ 海苔切成短丝，与白芝麻一起，放进培根米饭中，翻拌均匀。

❸ 拌好的米饭分成两份，手上沾一些清水，将两份米饭分别捏握成三角形的饭团，尽量压实。

❹ 小火加热平底锅，锅热后涂上薄薄一层香油。

❺ 放入饭团，把三角形的两面分别煎成浅金色即可。食材都是熟的，小火慢慢煎好表皮就好。

❻ 蓝莓冲洗干净，沥干。香蕉去皮，去掉表面筋，切块。

❼ 蓝莓、香蕉、酸奶、牛奶和白糖放入料理机，快速搅打均匀即可。

营养贴士

香蕉含有充足的糖分，还可以快速补充钾元素，只一口就能把你从低血糖带来的萎靡不振中解救出来。蓝莓含有丰富的维生素C和花青素，带给你青春与活力。

猫王三明治 + 胡萝卜雪梨汁

烹饪时间	25 min
难易程度	中

特色

香蕉花生酱和培根混在一起？能好吃吗？不试试看怎么知道呢？据说这是猫王钟爱的一款三明治呢。三明治已经很甜腻啦，要选清淡一点的果蔬汁或者黑咖啡搭配哟。

主料	
白吐司 4 片	香蕉 1 根
花生酱 4 汤匙	鸡蛋 2 个
牛奶 50 毫升	培根 3 条
胡萝卜 1/2 根	梨 1 个

辅料　白砂糖适量　　油少许

做法

❶ 白吐司切掉四边，去掉深色的面包皮就好。培根切成两段，不放油煎到微焦后取出晾凉。

❷ 鸡蛋打散成蛋液，加入牛奶，搅拌成均匀的蛋奶液。香蕉去皮，对半切成两段后切成长厚片。

❸ 两片吐司平放，均匀涂上一层花生酱。

❹ 花生酱上铺上香蕉片，再放上两三片煎过的培根。中火加热平底锅，锅中放少量油。

❺ 将另一片吐司盖上，组装好三明治，压实。在蛋奶液中裹一圈，使三明治两面都蘸满蛋奶液。

❻ 蘸好蛋奶液的三明治直接放在平底锅中，保持中火煎到两面金黄。取出后对半切开。

❼ 胡萝卜去皮切小块。梨去皮去核，切块。

❽ 切好的胡萝卜和梨块放入料理机，加入适量水和白砂糖，高速搅打成混合果蔬汁即可。

烹饪秘笈

做这款三明治，最好选用白吐司，全麦吐司或任何带味的吐司都会影响成品的味道。如果觉得太腻，可以不用蘸蛋奶液，平底锅抹很薄的一层油，直接放夹好的吐司进去煎到金黄即可。

营养贴士

泡软的吐司更容易吸收；花生酱富含蛋白质、维生素D、维生素E、钙、铁、锌等营养物质，对营养不良、贫血、脾胃失调、肠燥便秘、乳汁缺乏等有一定的辅助食疗作用。

黄瓜鸡蛋饼 +
糙米黑芝麻糊

烹饪时间 25 min
难易程度 低

特色

黄瓜加入鸡蛋饼，不仅增加了维生素，
还给软糯的鸡蛋饼增添了清香味，颜
色翠绿，赏心悦目。黑芝麻富含蛋白质、
亚油酸等，芳香醇厚，可乌发养颜。

主料	黄瓜 1/2 根	鸡蛋 1 个
	糙米 100 克	黑芝麻 2 汤匙

辅料	盐 1 茶匙	面粉 120 克
	白胡椒粉 1/2 茶匙	油少许
	绵白糖适量	

做法

❶ 糙米提前一天洗净，浸泡。糙米表皮较硬，不经过浸泡直接煮不容易变软。

❷ 糙米放入锅中，加入适量水，大火烧开后转中火，煮约15分钟，放入黑芝麻，关火晾凉。

❸ 黄瓜刷洗干净，去蒂，切丁后用料理机打成汁。不用过滤，保持全食物营养。

❹ 黄瓜汁中加入面粉、鸡蛋、盐和白胡椒粉，搅拌均匀成面糊。

❺ 中火加热平底锅，锅中放少量油抹匀。

❻ 锅热后，盛取适量面糊，转动锅将面糊摊成面饼，折叠装盘即可。注意火候，小心烧焦。

❼ 黑芝麻和糙米连同汤汁一起，放入料理机，加入适量水，开高速搅拌成糊，加白糖调味即可。

烹饪秘笈

黑芝麻属于油料作物，单纯用它做芝麻糊，热量较高。黑芝麻比较轻，直接放进料理机容易漂在液面上，搅打不到，使得芝麻颗粒完整影响吸收，所以提前泡在糙米汤里，使它吸水后大部分沉在水中。

营养贴士

黄瓜中含有一种叫丙醇二酸的物质，可抑制糖类转变为脂肪，常吃有减肥作用。黑芝麻具有补肝肾、润五脏、益气力、填脑髓的功效，对须发早白、五脏虚损、肠燥便秘等有食疗功效。

百合莲子红豆沙 + 煎包

烹饪时间 | 30 min
难易程度 | 低

特色

百合、莲子和红小豆，都很适合女人食用，浓厚醇香，补气养血，给女人温温润润的滋养。巧妙利用电饼铛，设定好时间就无需再动手，剩包子分分钟变身外酥内软的小馅饼！

主料	红小豆 150 克　　干莲子 30 粒
	干百合 20 克　　剩包子适量

辅料　冰糖适量
　　　油适量

做法

❶　红小豆洗净，提前浸泡2小时以上。莲子去掉中间的莲心，冲洗干净。

❷　干百合先用温水浸泡半小时，冲洗干净后换冷水继续浸泡半小时，充分泡透。

❸　百合连同浸泡的水一同放入高压锅，放入红小豆和莲子，加入水到液面高出红小豆约15厘米。

❹　放入适量冰糖，用高压锅压20分钟。锅内压力充分排干净后即可盛出。

❺　电饼铛通电，选饼类模式。预热完成后在下烤盘滴少量油。

❻　放入凉包子，在饼铛里淋入一汤匙水，盖上上烤盘，利用烤盘的重量自然下压。

❼　水基本蒸发后翻面，煎到两面金黄即可。

烤燕麦 +
红薯拿铁

烹饪时间 25 min
难易程度 中

特色

把燕麦烤成派的口感，甚至可以不额外加糖，低热量高纤维，感受纯正的麦香和果香。拿铁现在已经不再局限为咖啡和抹茶，宽泛成了牛奶加一切。试试看放红薯吧，容易产生饱腹感还可缓解便秘。

主料	快熟燕麦 50 克	葡萄干 1 汤匙
	牛奶 320 毫升	熟腰果 2 汤匙
	鸡蛋 1 个	蓝莓 50 克
	红薯 150 克	

辅料　　白砂糖 2 茶匙　　油适量

做法

❶　鸡蛋打散，加入120毫升牛奶中，加白砂糖，搅拌均匀。

❷　耐热烤碗内侧抹一层黄油或食用油防粘。烤箱预热180℃。

❸　蛋奶液中放入燕麦，加入葡萄干和腰果，搅匀，倒入到烤碗中。

❹　烤碗放入烤箱，烘烤15分钟后取出，加入蓝莓，搅拌均匀。

❺　烤箱降低到150℃，将烤碗重新放回烤箱，继续烘烤约10分钟即可出炉。

❻　红薯去皮，切成小块，上锅蒸熟。

❼　红薯块和200毫升牛奶一起放入料理机，加入适量白砂糖，开高速搅打均匀，倒入杯中即可。

烹饪秘笈

烤燕麦时，液体状态下腰果和葡萄干会沉底，麦片上浮，所以提前预烤一下，让整体凝固一些，再搅拌即可使腰果分布均匀。温度过高或烘烤时间过长，蓝莓容易爆浆，所以蓝莓加入后将烘烤温度降低，蛋奶部分能烤透就好。

营养贴士

燕麦富含膳食纤维，可降低胆固醇，促进排便，有助于瘦身减肥。红薯富含 β - 胡萝卜素，其具有抗氧化、防癌、保护肝脏、预防心血管疾病等功效。这是一对健康减肥的早餐组合。

巨无霸三明治
＋香蕉牛奶

烹饪时间	20 min
难易程度	低

特色

如果说三明治热量高，那主要是高在酱料和外面的面包上。如果是很少的面包卷上很多的蔬菜再用一点点酱料，那就更健康啦！

主料	厚片吐司2片	生菜2片	黄瓜1段
	西红柿2片	白煮蛋1个	火腿2片
	紫甘蓝1片		

辅料	香蕉1根	牛奶250毫升
	养乐多1瓶	黑胡椒粉适量
	盐适量	

做法

❶ 黄瓜切成细条。紫甘蓝切成宽条。火腿片切成吐司片一半的宽度。白煮蛋去壳对半切开。

❷ 保鲜膜撕得长一点，长度至少是吐司片宽度的3倍，平铺在操作台上，在1/3处放一片吐司。

❸ 一半的生菜叶铺在吐司片上，上面放上火腿片和西红柿片。

❹ 白煮蛋放在吐司片正中间，旁边堆上黄瓜条和紫甘蓝。把所有食材尽量往中间堆。

❺ 在蔬菜上撒上适量黑胡椒粉和盐，再盖上另一半的生菜叶。

❻ 放上另一片吐司，用手压住，用保鲜膜将吐司卷紧，裹上，成为一个圆柱体，两端拧上。

❼ 用锋利的刀将三明治切开成两块，食用时去掉保鲜膜。

❽ 香蕉去皮，撕掉表面的筋，以免苦涩，然后切块。香蕉、牛奶、养乐多放入搅拌器，高速搅拌成液体即可。

烹饪秘笈

做这款三明治用了最简单的调料，只有黑胡椒和盐，这样做热量是最低的，如果不习惯，也可以放沙拉酱汁，盖生菜之前淋上去。蔬菜尽量往中间放，摆成均匀的一束，最后包三明治的时候就可以卷成桶状。

营养贴士

紫甘蓝中含有的大量膳食纤维，能够增强胃肠功能，促进肠道蠕动，以及降低胆固醇水平。此外，经常吃紫甘蓝还能够防治过敏症，因此皮肤过敏的人最好把紫甘蓝视为一道保留菜。

妈妈私房菜

沼三明治
＋谷物酸奶

烹饪时间 20 min

难易程度 低

LEWIS ROAD CREAM

特色

沼三明治是一种美味地吃掉生圆白菜
的新型三明治，咔哧咔哧咬起来特别
爽口，制作方法简单，取材容易。自
己做的复合果料酸奶中果料特别丰富，
现拌现吃，口感棒棒哒。

主料

吐司2片	火腿1片
圆白菜3片	奶酪片1片
原味酸奶1杯	

辅料

沙拉酱1汤匙	黑胡椒粉适量
葡萄干1茶匙	腰果1茶匙
甜麦圈3汤匙	

做法

❶ 吐司放入预热后的烤箱，150℃烘烤10分钟后取出。

❷ 圆白菜洗净，切成细丝，加入沙拉酱搅拌均匀。

❸ 取一片吐司，金黄的一面向下，白色一面向上。放上一片奶酪和一片火腿。

❹ 铺上拌好的圆白菜丝，尽量铺平，铺匀。撒上适量黑胡椒粉。

❺ 盖上另一片吐司，金黄面朝外。用保鲜膜把三明治整个包起来。

❻ 用锋利的刀将三明治拦腰切断。吃的时候再去掉保鲜膜，以免三明治散开。

❼ 甜麦圈和干果混合在一起，浇上酸奶，吃的时候拌匀即可。

烹饪秘笈

面包片用预热到120~150℃的烤箱回烤3~5分钟，会最大程度上恢复现烤的口感，温度越高表面越酥脆。但是烤的时间不能过长，面包片会失去水分变硬。烤过的吐司要晾凉再做三明治，温热状态容易让菜丝出水，而且包裹保鲜膜的时候会产生水汽，让三明治变得潮湿，影响口感。

营养贴士

奶酪富含蛋白质、多种维生素及矿物质，能增强人体免疫力，促进代谢，保护眼睛健康及肌肤健美。奶酪中的乳酸菌及其代谢产物也对人体有一定的保健作用。

中西合璧

鸡丝凉面 + 奶茶

| 烹饪时间 | 20 min |
| 难易程度 | 低 |

小贴士

忙碌的早上要充分利用超市里现成的酱料，各种拌面拌饭酱其实功能很强大，选一款你爱的，充分利用它。再加上些配料，方便食品也可以很营养。

主料	鸡大胸 1 块	面条 100 克
	胡萝卜 1/3 根	黄瓜 1/4 根
	牛奶 200 毫升	红茶包 1 个

辅料	拌饭酱适量	盐适量
	姜 2 片	大葱 1 段
	熟白芝麻适量	花椒适量

做法

❶ 鸡胸肉切成长度相等的两大块，放入冷水锅中。顺着纵长的方向切，撕出的鸡丝长短合适。

❷ 锅中加入花椒、盐、葱段、姜片，大火煮开后转中火，煮15分钟后捞出放入凉水冷却。

❸ 冷却后的鸡胸肉撕成粗鸡丝待用。黄瓜洗净，切丝。胡萝卜去皮，切丝。

❹ 烧一锅水，水沸腾后放入面条煮熟，捞出，沥干后盛入碗中。

❺ 面条上摆上胡萝卜丝、黄瓜丝和鸡丝，浇上拌饭酱，撒适量白芝麻，吃之前拌匀。

❻ 红茶包放入杯中，牛奶放入小锅中煮沸即关火，趁热冲入杯中。

❼ 茶包浸泡两三分钟后取出，加入一小撮盐，搅拌均匀即可。

烹饪秘笈

拌面的可操作性很强，天凉的时候吃热面，天热了可以将煮熟的面条捞出来过凉水。做拌面要将面条煮得略微硬一些，因为酱比较黏稠，面条韧性大的话怎么搅拌都不容易断。如果有时间，用鸡腿肉做鸡丝口感会更好。

营养贴士

鸡胸肉是仅次于牛肉的含脂肪比例较少的肉，想减肥的人可以放心地吃。红茶中心咖啡碱，可兴奋中枢神经，减少前一天的疲倦，提神醒脑；红茶中的茶多酚还能促进食欲，助消化。

五彩番茄饭
+ 鸡肉苦瓜沙拉

烹饪时间
难易程度

五彩番茄饭是有段时间特别火的懒人饭，只需
要电饭煲就能做。在懒人饭的基础上增加点儿
配料，味道更好，营养更丰富。苦瓜鸡肉沙拉，
淡淡的苦味，配合上新鲜的洋葱，吃起来非常
清爽。

主料	大米 2 杯	西红柿 1 个
	玉米粒 100 克	豌豆 100 克
	胡萝卜 100 克	午餐肉 100 克

辅料	苦瓜 1/2 根	鸡胸 1/2 块
	洋葱 1/2 个	沙拉酱 2 汤匙
	黑胡椒粉适量	盐适量

做法

❶ 西红柿洗净，用小刀把蒂挖掉。胡萝卜去皮，切成小方丁。午餐肉切丁。

❷ 大米淘洗干净，沥干后放进电饭煲。

❸ 把西红柿放在大米正中央。周围依次放上玉米粒、豌豆、胡萝卜和午餐肉。

❹ 盛两杯米对应量的清水，盛出 2 汤匙不要，剩下的倒入电饭煲，按下煮饭键。

❺ 按键跳起后放入适量盐和黑胡椒粉，搅拌均匀即可。

❻ 苦瓜对半剖开，去子，切成薄片。洋葱去老皮，切丝。鸡胸肉煮熟，撕成粗鸡丝。

❼ 苦瓜、洋葱、鸡胸肉放入盆中，加入沙拉酱，撒少许盐和黑胡椒粉，搅拌均匀即可。

烹饪秘笈

西红柿的大小根据大米的量来调节，米多就选大一点的西红柿。西红柿含水分较多，所以蒸米饭的水要减量，以免煮出的饭太黏。鸡胸肉切成大块再煮，易熟，而且方便撕成合适长度的粗鸡丝。

营养贴士

苦瓜具有清暑解渴、降血压、降血脂、养颜美容、促进新陈代谢等功能。苦瓜含丰富的维生素 B_1、维生素 C 及多种矿物质，长期食用，能令人保持精力旺盛，对改善青春痘也有很大益处。

缤纷果园

玉米吐司比萨
+ 火腿圆白菜沙拉

烹饪时间 | 30 min
难易程度 | 低

特色

用吐司作基底使比萨不再复杂，现有的食材和酱料可以随意搭配，多试几次就知道哪种好吃了。蔬菜能生吃的最好生吃，越少加工营养保留越充分，添加肉类可以遮盖蔬菜的生涩味道。

主料	厚片吐司 1 片	甜玉米粒 2 汤匙
	沙拉酱 4 茶匙	圆白菜 1/4 个
	马苏里拉奶酪 2 汤匙	

辅料	胡萝卜 1/3 根	火腿 2 片
	黑胡椒碎适量	白芝麻适量
	绵白糖 1/2 茶匙	白醋 1 茶匙

做法

❶ 将1茶匙沙拉酱均匀涂抹在厚片吐司上。吐司尽量选厚的,烤过后口感更好。

❷ 在沙拉酱上撒上一半的马苏里拉奶酪碎。烤箱预热150℃。

❸ 玉米粒均匀铺在吐司上,上面撒上另一半奶酪。

❹ 组装好的吐司放进预热好的烤箱,烘烤约10分钟,烤到奶酪融化即可。

❺ 圆白菜去掉大梗和老叶,洗净后切成窄条。胡萝卜去皮,切细丝。火腿切丝。

❻ 将蔬菜丝和火腿丝放在大碗中,加3茶匙沙拉酱、白醋、白糖和黑胡椒碎。

❼ 搅拌均匀,装盘后在表面撒适量熟白芝麻即可。后撒白芝麻会附着在蔬菜表面,更容易吃到。

烹饪秘笈

一定要选甜玉米粒,颜色黄黄的那种,自己从玉米棒上切下来也没问题。偏白色的糯玉米不适合,不够甜,而且烤过之后会很硬。生吃的圆白菜一定要用心,外面的老叶可以掰下来炒着吃。

营养贴士

火腿提供蛋白质;圆白菜富含膳食纤维和多种维生素;玉米含有充足的碳水化合物。这几种食物的营养相互补充而又互不干扰,可以组成一顿完美的早餐。

来点绿色养养眼

烙饼卷鸡蛋＋
猕猴桃黄瓜汁

烹饪时间 20 min
难易程度 低

特色

烙饼摊鸡蛋，北方最家常的食物，香味淳朴，口感扎实，吃着有家里的那种安心感。担心维生素摄入不够的时候就"给自己来点儿绿"，满满一大杯果蔬汁，整个人都清爽起来。

主料		
鸡蛋2个	香肠1根	
烙饼适量	猕猴桃1个	
黄瓜1/2根		

辅料		
蜂蜜2茶匙	小葱1棵	油适量
盐适量	白胡椒粉适量	

做法

❶ 干净的平底锅中不放油，放入烙饼加热到烙饼热透，恢复柔软后关火，将烙饼取出放到不烫手。

❷ 小葱去根，洗净，切成小粒。鸡蛋打散，加入葱粒、盐和白胡椒粉，搅拌均匀。

❸ 中火加热炒锅，锅中放油，转动锅，让锅壁挂上油，防粘。油八成热时倒入蛋液。

❹ 鸡蛋基本凝固后用铲子将鸡蛋划成大块，煎到鸡蛋全熟后关火。

❺ 将热好的烙饼翻开，露出饼心。烙饼最好选靠近饼边的部分，翻开露出饼心后两层还能连着。

❻ 放入鸡蛋和香肠，将烙饼卷起来即可。如果希望香肠是热的，可以把香肠和烙饼一起加热。

❼ 猕猴桃去皮，去蒂，切块。黄瓜洗净，切块。

❽ 猕猴桃和黄瓜放入料理机，加入适量水，放入蜂蜜，高速搅打成汁即可。

烹饪秘笈

加热烙饼的时候，也可以将烙饼放在盘子里再放入蒸锅，避免烙饼直接接触蒸屉，加热过后烙饼会变得很潮湿，容易碎。热完就拿出来，挥发掉烙饼表面的水汽，让饼皮更干爽。

营养贴士

猕猴桃富含维生素C，有抗氧化、美白祛斑等食物功效。猕猴桃中的叶黄素还可防治口腔溃疡。鸡蛋中的蛋白质和烙饼中的碳水化合物，则为一上午的工作和学习提供了充足的能量。

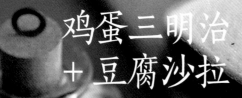

鸡蛋三明治
+ 豆腐沙拉

烹饪时间 | 20 min
难易程度 | 低

特色

鸡蛋三明治既可以作为快手早餐，还可带到办公室当下午茶，而且只要会煮鸡蛋就不会失败。豆腐沙拉来自日本，颜色明快热量低，蛋白质和维生素一碗补齐。

主料	吐司 2 片	白煮蛋 1 个
	北豆腐 1/2 块	黄瓜 1/2 根
	西红柿 1 个	

辅料	沙拉酱 2 茶匙	橄榄油 1 汤匙
	黑胡椒粉适量	盐适量

做法

❶ 北豆腐切成小方块，放在淡盐水里浸泡。盐水浸泡可以给豆腐加个底味，并且让豆腐中的水渗出。

❷ 西红柿洗净，去蒂，切成小方块。黄瓜对半剖开，切成半圆形小块。

❸ 西红柿和黄瓜放在大碗里，放入橄榄油、黑胡椒粉和盐，搅拌均匀，提前腌制10分钟入味。

❹ 豆腐沥干，放入腌好的西红柿黄瓜中，搅拌均匀即成豆腐沙拉。

❺ 白煮蛋去壳，切碎，加入沙拉酱和少量盐、黑胡椒粉，搅拌均匀。

❻ 吐司切去四边。将鸡蛋沙拉涂在一片吐司上。

❼ 盖上另一片吐司，略压实。用快刀将三明治切成两块即可。

夏日的田野

吐司太阳蛋
＋培根煎芦笋

烹饪时间 15 min
难易程度 中

特色

鸡蛋营养丰富，所以在早上我们要想
各种方法吃掉它。时间充足，技术娴
熟的人可以考虑稍稍复杂一些的做法，
成品好看口感也好。芦笋营养好，但
是味道清淡，裹在培根里就有肉味啦。

主料	吐司1片	鸡蛋1个
	奶酪片1片	芦笋6根
	培根3片	

辅料 黑胡椒粉适量

盐适量

油适量

做法

❶ 芦笋冲洗干净，切掉老根部分。多切掉一些，下刀的时候感觉阻力小了，就是老根已经去掉了。

❷ 将两根芦笋并在一起，用培根倾斜着将两根芦笋从头到尾缠起来。

❸ 吐司平放在砧板上，用小刀在距离边缘约1.5厘米的地方划开一圈，掏出一个长方形的心，留下框。

❹ 中火加热平底锅，锅热后放入少许油，抹匀。放入吐司框。在吐司旁边放上芦笋卷，同时煎。

❺ 在吐司框中打入一个鸡蛋，撒少许盐和黑胡椒粉。

❻ 在鸡蛋上盖一片奶酪。翻动一下芦笋卷，使两面受热均匀。

❼ 把掏出来的吐司塞回去，用手轻轻压一下，尽量让吐司平一些。培根变焦即可盛出芦笋卷装盘。

❽ 用铲子轻轻推动吐司片，使它与锅分离，翻面，煎到两面焦黄即可出锅。

烹饪秘笈

只要锅够大，动作麻利，很多东西都可以同时煎，充分利用能源，还能节省时间。芦笋可以吃生的，所以只要把培根煎好，芦笋不凉就可以啦。

营养贴士

吐司含有丰富的碳水化合物，可提供能量。鸡蛋在补充蛋白质的同时还提供了成长必须的钙质；芦笋有丰富的维生素，可以防治感冒。这是一道颇受欢迎的全面营养餐。

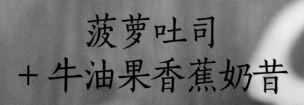

菠萝吐司
+牛油果香蕉奶昔

| 烹饪时间 | 25 min |
| 难易程度 | 中 |

特色

菠萝包因为表面的糖霜在烘烤之后颜色金黄，还有网格，像菠萝的表皮，因而得名，而且烤过的糖霜表面脆脆的很好吃。用黄油和砂糖就能做出"菠萝皮"，覆盖在吐司上，自己也能做出现烤的"菠萝包"。

主料	厚吐司1片	黄油15克
	细砂糖1汤匙	面粉2汤匙

辅料	牛油果1个	香蕉1根
	牛奶200毫升	

做法

❶ 黄油和细砂糖放入碗中，隔水加热，使黄油融化成液体。

❷ 黄油砂糖溶液中加入面粉，搅拌均匀成膏状，成为砂糖黄油霜。烤箱预热160℃。

❸ 将砂糖黄油霜均匀涂抹在吐司表面，用刀斜着在糖霜表面划上大方格。

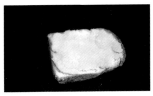

❹ 将吐司放入烤箱，烘烤约15分钟，烤到糖霜表面成浅金黄色即可。

❺ 牛油果去皮，去核，切块。香蕉去皮，切块。

❻ 将牛油果、香蕉和牛奶放入搅拌器，搅打成糊状即可。

烹饪秘笈

菠萝吐司上的菠萝皮比较甜，搭配的饮料味道要淡一些的，所以牛油果奶昔最好不要加糖。挑选牛油果的时候，如果买回就吃，就选颜色深的，用手轻按，感觉比较软。如果不马上吃，就选绿的，保存时间长些。

营养贴士

牛油果富含蛋白质、多种维生素及钙、镁、钾等矿物质，是营养价值很高的水果，有"森林奶油"的美誉。香蕉富含钾，能够调节人体内的电解质平衡，缓解疲劳。

很受欢迎

可颂香肠卷
＋胡萝卜牛奶

烹饪时间 30 min
难易程度 中

特色

可颂是一种很受欢迎的面包，但是千层面团做起来很麻烦，而手抓饼本来就是一层一层的，特别容易发挥"余热"。胡萝卜牛奶，不仅颜色好看，牛奶还能盖住胡萝卜的生涩味。

主料	热狗肠 2 根	手抓饼 1 张
	胡萝卜 1/2 根	牛奶 200 毫升

辅料	蛋液适量
	绵白糖 2 茶匙

做法

❶ 手抓饼撕掉外面的塑料纸，再把饼放回塑料纸上，防止完全化冻后撕不下来。

❷ 手抓饼化冻到略有些发软后用快刀划成约2厘米宽的条，太宽太窄都不好操作。

❸ 拿一根热狗肠，取一条手抓饼，从香肠的一端开始裹，把香肠缠起来，每一圈之间叠起来一部分。

❹ 缠完一根接着缠另一根，直到把香肠整个缠满，放在烤盘上。另一根同样缠好。

❺ 烤箱预热180℃。在香肠卷上刷上蛋液。

❻ 烤箱预热完成后将烤盘放入，烘烤15分钟。烤到手抓饼表面金黄即可。

❼ 胡萝卜洗净，去皮、切块，放入搅拌机。

❽ 加入牛奶和白糖，高速搅打成汁即可。

烹饪秘笈

烘烤的时候温度一定要够高，温度太低手抓饼不会上色，一直都是白白的。如果想淀粉类多一点，缠手抓饼的时候重叠部分多一点，让香肠卷更粗壮些。

营养贴士

胡萝卜含有丰富的胡萝卜素，其进入人体后会转变为维生素 A，能维持皮肤黏膜的完整性，防止皮肤干燥粗糙，还能预防夜盲症，缓解视疲劳。

热汤面
＋皮蛋豆腐

| 烹饪时间 | 20 min |
| 难易程度 | 低 |

寒冷的早晨被迫离开暖暖的被窝，这时最适合来一碗热乎乎的热汤面，"吸溜吸溜"吃下去，连汤都一滴不剩，给你出门面对寒冬的勇气。

主料	面条 100 克	菜心 2 棵
	小香肠 5 个	皮蛋 1 个
	内酯豆腐 1/2 盒	

辅料	大葱 3 克	虾皮 1 茶匙
	鸡精 1/2 茶匙	油适量
	香油适量	盐适量
	白胡椒粉适量	

做法

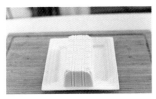

❶ 大葱切成葱花，菜心洗净，掰成小棵。内酯豆腐从盒里取出来，放在碗里，让它出水。

❷ 小香肠在2/3处纵向切一刀，保留1/3不切断。滚动90°再切一刀，使两刀交叉成十字。

❸ 中火加热炒锅，锅中放少许油。六成热时放入葱花和虾皮，煸炒出香味。

❹ 加入适量水，大火烧开。放入菜心，余烫一下后捞出，待用。

❺ 放入小香肠，煮到切开的部分翻开后捞出。放面条，中火煮。

❻ 放入盐和鸡精、白胡椒粉。面条煮熟后捞出装碗。

❼ 摆上煮好的香肠和菜心，浇上面汤即可。不介意造型的可以把蔬菜、香肠和面条一起煮。

❽ 皮蛋去壳，切成小块，放在沥干的内酯豆腐上，加盐和香油，拌匀即可。

吃出健康系列

沙拉花园

能量果蔬汁

营养辅食轻松做

好喝的粥

减脂轻食

蔬果沙拉

粗粮细做

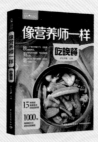
像营养师一样吃晚餐

像女王一样吃早餐

滋补靓汤

主食沙拉

一煲好汤

一碗好粥

元气素食

低卡饱腹健康餐

多吃蔬菜身体好

沙拉与果蔬汁

轻食沙拉纤体瘦身

24节气养生餐

沙拉与三明治

家常美食系列

图书在版编目（CIP）数据

萨巴厨房.像女王一样吃早餐 / 萨巴蒂娜主编.
— 北京：中国轻工业出版社，2019.6
ISBN 978-7-5184-1191-7

Ⅰ.①萨… Ⅱ.①萨… Ⅲ.①家常菜肴 – 菜谱
Ⅳ.① TS972.12

中国版本图书馆 CIP 数据核字 (2016) 第 277098 号

责任编辑：高惠京　　　责任终审：劳国强　　　整体设计：锋尚设计
策划编辑：龙志丹　　　责任校对：晋　洁　　　责任监印：张京华
出版发行：中国轻工业出版社（北京东长安街 6 号，邮编：100740）
印　　刷：北京富诚彩色印刷有限公司
经　　销：各地新华书店
版　　次：2019 年 6 月第 1 版第 8 次印刷
开　　本：720×1000　1/16　印张：12
字　　数：200 千字
书　　号：ISBN 978-7-5184-1191-7　　　　　定价：39.80 元
邮购电话：010-65241695
发行电话：010-85119835　传真：85113293
网　　址：http://www.chlip.com.cn
Email：club@chlip.com.cn
如发现图书残缺请与我社邮购联系调换
190589S1C108ZBW